CHANGJIAN
ZHONGDIAN DONGWU
YIBING ZHENDUAN

常见重点动物疫病诊断

卢业宏 鲍立峰 苏日娜 陈一鸣 主编

内蒙古科学技术出版社

图书在版编目（CIP）数据

常见重点动物疫病诊断 / 卢业宏等主编．— 赤峰：内蒙古科学技术出版社，2022. 5（2023.10 重印）
ISBN 978-7-5380-3436-3

Ⅰ. ①常… Ⅱ. ①卢… Ⅲ. ①动物疾病—诊断 Ⅳ. ①S854.4

中国版本图书馆CIP数据核字（2022）第062397号

常见重点动物疫病诊断

主　　编：卢业宏　鲍立峰　苏日娜　陈一鸣
责任编辑：许占武
封面设计：永　胜
出版发行：内蒙古科学技术出版社
地　　址：赤峰市红山区哈达街南一段4号
网　　址：www.nm-kj.cn
邮购电话：0476-5888970
排　　版：赤峰市阿金奈图文制作有限责任公司
印　　刷：内蒙古爱信达教育印务有限责任公司
字　　数：100千
开　　本：880mm × 1230mm　1/32
印　　张：3.75
版　　次：2022年5月第1版
印　　次：2023年10月第2次印刷
书　　号：ISBN 978-7-5380-3436-3
定　　价：52.00元

《常见重点动物疫病诊断》

编委会

主　任: 薛德凯

副主任: 王金环　陈伯明　张　军　卢业宏

委　员: 鲍立峰　辛冬斌　钟　桢　金　利　马立峰
李林川　苏日娜　姜永玲　马志强　马立群

主　编: 卢业宏　鲍立峰　苏日娜　陈一鸣

副主编: 金　利　钟　桢　辛冬斌　刘　勇　姜永玲
华　瑛　冯晓江

编　者: 马立群　冯向华　乌恩宝音　郝天斌　赵克功
王　纲　斯琴图雅　温　岩　徐　艳　韩学敏
郭　恺　蔡延军　姜　宏　宋银环　李洪喆
赵春明　樊凤娇　赵银杰　杨　波　郝志怡
包娟娟　崔　莹　刘洪涛　毕天奇　马志强
王春红　李文华　郭小艳　张雪晶　刘建华
杨国强　张　宇　张　静　赵振轩

审　校: 刘　勇　华　瑛

序　言

动物疫病防控工作事关人民群众身体健康、社会经济发展、畜牧业生产安全，是乡村振兴战略、扶贫攻坚战略实施和动物疫情稳定、动物源性食品质量安全的重要保障，做好动物疫病防控工作意义重大。

近年来，随着畜牧业的不断发展，畜禽养殖规模扩大，集约化程度提高，动物及其产品的流动日益频繁，显著增加了各种动物疫病传播的机会，防控难度不断加大。赤峰市是内蒙古自治区畜禽养殖大市，每年饲养量为牛300万头、羊1500万只、猪500万头、禽4000万羽左右，一旦发生动物疫病疫情，将造成重大的经济损失和社会危害。

2021年，赤峰市动物疫病预防控制中心组织专业技术人员共同编写了《常见重点动物疫病诊断》一书，旨在为全市动物疫病防控工作提供参考和指导。本书内容丰富，图文并茂，从动物疫病流行规律、临床症状、诊断技术、防控措施、生物安全等方面详细阐述了威胁赤峰市畜牧业生产安全的14种重点动物疫病。本书可作为各级动物疫控系统培训教材或者参考学习用书。

由于编者水平有限，书中难免有疏漏和错误之处，恳请读者们批评指正。

目　录

第一章　口蹄疫

一、概述

口蹄疫是由口蹄疫病毒引起的以感染偶蹄动物为主的急性、热性、高度传染性疫病。本病主要侵害牛、羊、猪等偶蹄类动物，在口腔黏膜、四肢下端及乳房等处皮肤形成水疱和烂斑为本病的临床特征。

本病多呈良性经过，但感染谱广，传播速度快，发病率高。发病后降低动物生产性能，且能感染人，容易造成大流行，控制和消灭难度大，可造成严重的经济损失。世界动物卫生组织（OIE）将其列为必须报告的动物传染病，我国规定为一类动物疫病。

二、病原

口蹄疫病毒属于微RNA病毒科口蹄疫病毒属，有7个血清型，分别命名为O、A、C、SAT_1、SAT_2、SAT_3及亚洲Ⅰ型，我国流行的有O、A及亚洲Ⅰ型。本病毒具有多型性、易变异的特点，各血清型间无交叉免疫性，但在临床症状上的表现没有什么不同。

口蹄疫病毒对外界环境的抵抗力较强，耐寒冷和干燥。在自然条件下，含毒组织和污染的饲料、饮水、饲草、皮毛、土壤等所含病毒在数日乃至数周内仍具有感染性。病毒在-50～-70℃可保存数年之久，在50%甘油生理盐水中于5℃能存活1年以上。高温和直射阳光对病毒有杀灭作用，紫外线能使病毒被迅速灭活。氢氧化钠、福尔马林溶液、过氧乙酸和次氯酸钠是该病毒的高效消毒剂。

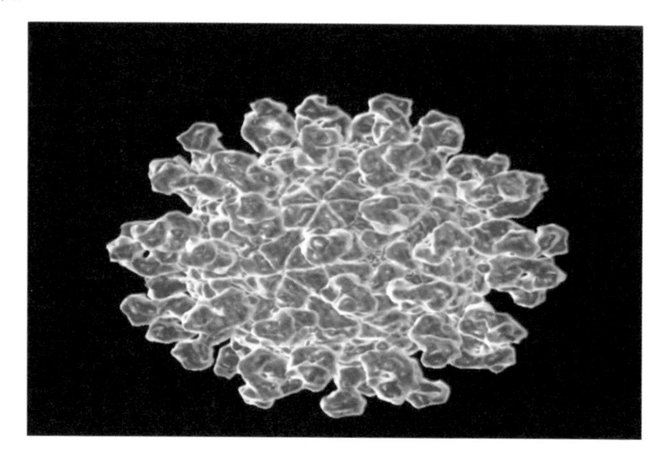

图1-1　口蹄疫病毒

三、流行病学

口蹄疫病毒可感染多种动物，偶蹄类家畜如黄牛、奶牛、水牛、猪、羊、骆驼等易感性高，野生动物如黄羊、鹿、野牛、野猪、驼羊、羚羊等均可感染。幼龄动物易感性大于老龄动物。人对本病也有易感性，多发生于本病流行期间，因与患病动物密切接触或短期内感染大量病毒所致，表现为发热，口腔、手背、指间和趾间部发生水疱。儿童、老人及免疫功能低下者发病较重，成年人一般呈良性经过。

患病动物和持续感染动物是本病的主要传染源。动物出现临床症状后的头几天，排毒量多，毒力强，是最危险的传染源，恢复期的动物排毒量逐渐减少。病牛舌面水疱皮含毒量最高，其次为粪、尿、乳和精液。病猪破溃的蹄部水疱皮含毒量最高。持续感染动物带毒时间长，病毒含量呈波动性变化，病毒在动物体内可发生抗原变异。

口蹄疫病毒传播途径很多，患病动物与健康动物可通过直接接触的方式传播，而间接接触传播是本病的重要传播途径。健康动物接触到患病动物的分泌物、排泄物、渗出物、口涎、乳汁，污染的空气、饲草、垫料、水、土壤等，均可感染。也可通过采食或接触污染物，经损伤的皮肤、黏膜感染。飞沫传播是本病主要的感染途径，易感动物吸入病毒污染的飞沫感染，病毒可随风呈跳跃式、远距离传播，尤其是低温、高湿、阴暗的天气，可发生长距离气雾传播。本病毒可在某些康复动物的咽部长时间存在，牛可长达2年，绵羊、山羊可达数月。

图1–2　流行病学调查

口蹄疫传染性强，发病率高，常出现大流行。一旦出现疫情，可随动物的转运、流动或风势迅速蔓延，往往从一个地区或一个国家传到另一个地区或国家，经一定时期后才逐渐平息。

长期存在本病的地区，流行常呈现周期性，每隔3~5年暴发一次。牧区常从秋末开始，冬季加剧，春季减轻，夏季平息，农区季节性不明显。

四、临床症状

1. 牛

潜伏期为2~7天，长的可达2周左右。体温升高到40~41℃，精神沉郁，食欲减退，流涎咂嘴，开口时有吸吮声。1天后，唇内、齿龈、口腔、舌面和颊部黏膜发生初期黄豆大，融合后至核桃大的水疱，由淡黄转灰白；口温高，口角流涎增多，呈白色泡沫状，挂满嘴边似胡须。采食、反刍完全停止。趾间、蹄冠处的柔软皮肤红肿、疼痛，迅速发生水疱，并很快破溃形成表面溃疡，化脓、坏死、跛行，重者蹄壳脱落、变形，卧地不起。乳头和乳房局部皮肤有时也出现水疱和烂斑。本病多呈良性经过，1~2周可痊愈。若蹄部出现病理变化，病程将延至2~3周或更长时间。犊牛多见水疱病理变化逐渐痊愈、趋向恢复时，病情突然恶化，心肌受害，出现站立不稳、心脏麻痹而突然倒地死亡。这种病型病死率高达50%，孕牛发生流产。

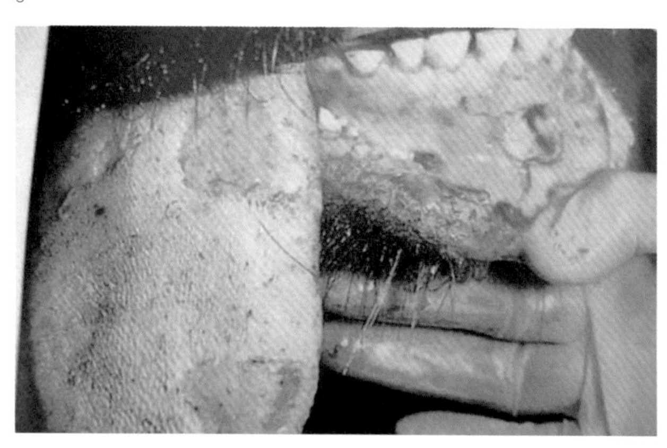

图1-3　唇内、齿龈、口腔、舌面和颊部黏膜发生初期黄豆大，融合后至核桃大的水疱

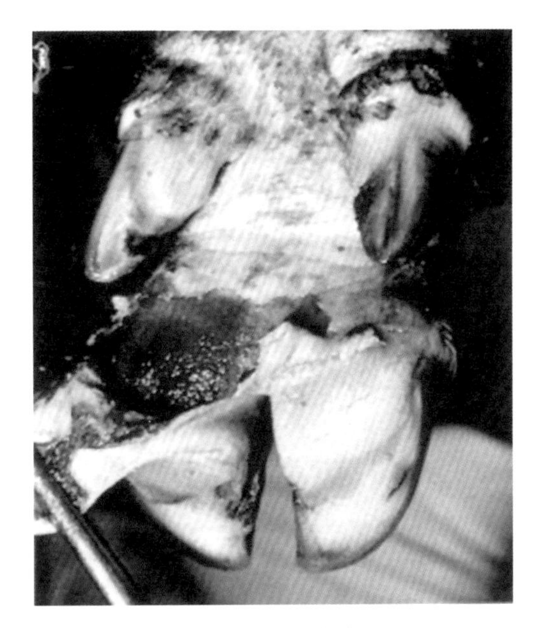

图1-4　蹄壳脱落变形

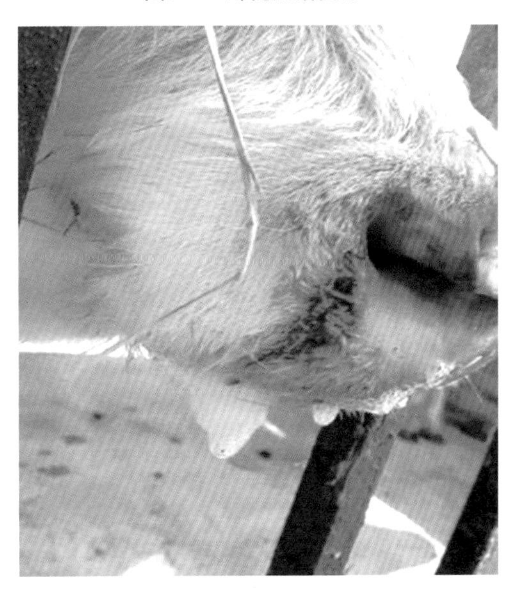

图1-5　口温高，口角流涎增多，呈白色泡沫状，挂满嘴边似胡须

2. 羊

潜伏期为1周左右。临床症状与牛相似，病羊体温升高，精神不振，食欲低下。口腔黏膜、蹄部皮肤形成水疱、溃疡和糜烂，有时也见于乳房部位。趾间、蹄冠处的柔软皮肤红肿。口唇、齿龈、硬腭、舌面、颊部黏膜出现水疱及溃疡。疼痛、流涎，涎水呈泡沫状。绵羊蹄部症状明显，山羊口腔症状明显，羔羊常因出血性肠炎和心肌炎而死亡。单纯口腔发病，1~2周多可痊愈，但蹄部、乳房部位出现症状，病程延至2~3周。一般呈良性经过，病死率2%以下；当羔羊发生恶性口蹄疫，因心肌炎、出血性胃肠炎死亡，病死率高达50%。

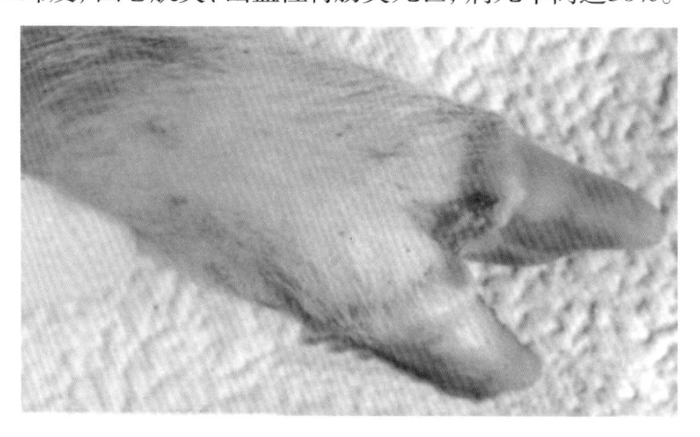

图1-6　趾间、蹄冠处的柔软皮肤红肿

3. 猪

潜伏期为2~3天，症状以蹄部水疱为主。病初体温升高达40~41℃，精神沉郁，食欲减退或废绝，不久在口腔黏膜形成小水疱或糜烂，蹄冠、蹄叉、蹄踵等处形成米粒大或蚕豆大的水疱，水疱破溃后形成出血性溃疡面。1周左右痊愈。如果发生继发感染，蹄叶、蹄壳出现炎症，严重时蹄匣脱落，无法着地，猪卧地不起或跪行。哺乳母猪以乳房皮肤病灶常见，妊娠母猪可发生流产、乳房炎及慢性蹄变形。哺乳期间，母猪发病则整窝小猪也发病，导致急性胃肠炎和心肌炎，突然死亡，病死率高达100%。病程较长者，可见到口腔及鼻面上有水疱和糜烂。成年猪偶有死亡。

五、病理变化

（1）口、蹄部、乳房、咽喉、气管、支气管、胃黏膜出现水疱、烂斑和溃疡，上面有黑棕色的痂块。

（2）反刍动物有时可见真胃和大小肠黏膜的出血性炎症。

（3）心包膜出血，心脏表面有灰白色或淡黄色的斑点或条纹，俗称“虎斑心”。

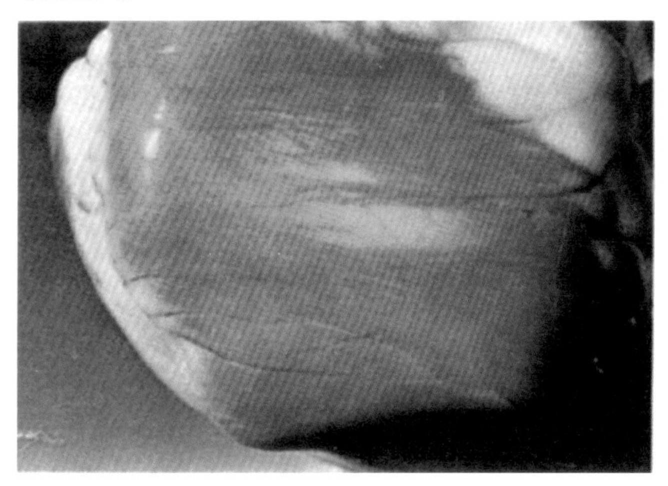

图1–7　口蹄疫“虎斑心”坏死条纹

六、诊断

1. 临床诊断

可根据流行病学、临床症状和病理变化特点做出初步诊断。

2. 实验室诊断

确诊需要进行实验室诊断，口蹄疫的诊断只能在指定的实验室进行。送检样品包括水疱液或含有足够量抗原的组织，数小时之内便可获得结果。

可采用反转录-聚合酶链式反应（RT-PCR）检测样本中的病毒。口蹄疫与牛瘟、牛恶性卡他热、水疱性口炎等疫病临床症状相似，应注意进行鉴别。

七、防控

1. 饲养管理

均衡营养，精心喂养。经常进行消毒，保持饲料、饮水、圈舍等卫生。保证足够的光照和通风换气，注意圈舍的保温，每日保持动物适度的运动。尽量减少应激因素，防止因气温改变、惊吓、喂养不足等应激因素导致动物机体免疫力下降。

2. 免疫接种

口蹄疫实施强制免疫。对所有牛、骆驼、鹿和边境旗县的羊使用口蹄疫O型-A型二价灭活疫苗强制免疫，对所有猪和其他地区羊使用口蹄疫O型疫苗强制免疫。

对疫区和受威胁区内的易感动物进行免疫接种，在受威胁区周围建立免疫带，以防疫情扩散。

3. 检疫

严禁非疫区从发过病的地区购进动物及其产品、饲料、生物制品等。加强检疫，对来自非疫区的动物及其产品，也应进行检疫，检出阳性动物，全群动物做销毁处理。对运载工具进行消毒，清理出的垃圾、动物粪便等污染物做无害化处理。

图1-8　检疫

4. 消毒

搞好圈舍和环境卫生，定期进行消毒。根据消毒的对象不同选择合适的消毒剂，并且不能长期使用一种消毒剂。规模养猪场在进行消毒的时候，要做到全面，不留下任何死角，消毒尽量使土地浸透3厘米以上，硬的地面要多消毒几次，达到湿透的效果。此外，还要对进出人员、运输工具、饲养工具、粪便污染物等进行消毒。粪便采取堆积发酵处理或5%氨水消毒，圈舍、场地、用具、车辆等用2%~4%烧碱、10%石灰乳、0.2%~0.5%过氧乙酸或1%~2%福尔马林喷洒消毒。

图1–9　圈舍内消毒

5. 及时报告和处理疫情

当发现家畜出现口蹄疫临床症状或异常情况时，应及时向当地动物疫病防控机构报告。要立即划定疫点、疫区和受威胁区，实施隔离封锁措施；对疫区和受威胁区未发病的动物进行紧急接种，并按“早、快、严、小”的原则，采取封锁、监测、检疫、扑杀、消毒、无害化处理等综合防控措施，及时扑灭疫情。疫区内最后一头患病动物痊愈、死亡或扑杀后，经连续观察14天以上，未出现新的病例，经终末消毒后方可解除封锁。

八、公共卫生与个人防护

人对口蹄疫病毒仅有轻度的易感性。在很早以前就有人感染口蹄疫的病例报道，感染主要是由于饮食病牛乳汁，或通过挤奶、处理患病动物而接触感染，也可通过创伤感染。

口蹄疫防控时要做好个人防护工作，接触患病动物后立即洗手消毒，防止患病动物的分泌物和排泄物落入口、鼻和眼结膜，污染的衣物及时进行消毒处理等。

第二章　高致病性禽流感

一、概述

高致病性禽流感是由正黏病毒科流感病毒属A型流感病毒引起的以禽类为主的烈性传染病。《中华人民共和国动物防疫法》将其列为一类动物疫病，OIE将其列为必须报告的动物疫病。

二、病原

高致病性禽流感病毒为单股负链RNA病毒，病毒粒子一般呈球状，病毒有囊膜。根据HA和NA抗原特性的不同，将A型流感病毒分为不同的亚型，如H_5N_1、H_5N_2或H_7N_7等，低致病性毒株通过基因突变可变成高致病性病毒毒株。

高致病性禽流感病毒不耐热，在温度适宜的自然环境下可存活较长时间。在冷冻条件下可长期存活，但反复冻融会使病毒灭活，对乙醚、氯仿、丙酮等有机溶剂均敏感，对紫外线和可见光也很敏感。福尔马林、氧化剂、卤素化合物（如漂白粉、碘剂）和重金属离子等常用消毒剂都能杀灭高致病性禽流感病毒。

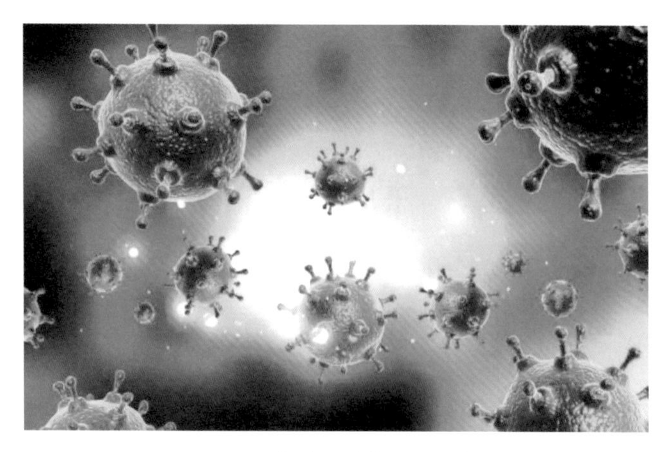

图2-1　高致病性禽流感病毒

三、流行病学

1. 分布

本病广泛分布于世界各地，在世界范围内的家禽和野禽中呈不同规模的流行，已造成数以亿计的禽类死亡。

2. 传染源

病禽及健康带毒禽（野鸟）是主要传染源，野生水禽是自然界流感病毒的主要储存库。病毒可长期在污染的粪便、水等环境中存活，鸟类特别是野生水禽是重要的传播者。

3. 传播途径

病毒主要通过感染禽（野鸟）及其分泌物和排泄物，污染的饲料、水、蛋托（箱）、垫草、种蛋、鸡胚和精液等媒介传播，经呼吸道、消化道感染，也可通过气源性媒介传播。人主要通过接触染病禽类和病毒污染物经呼吸道感染，也可经消化道等途径感染。

4. 易感对象

家禽和野禽均易感，火鸡和鸡易感性最强，不同日龄、品种和性别的鸡群均可感染发病。水禽（如鸭、鹅）多呈隐性感染。人类和其他动物（如猪、马及猫科动物、海洋哺乳类动物）也可感染。

5. 流行特点

一年四季均可发生，秋冬、冬春季节多发。该病潜伏期短，传播快，发病急，发病率和死亡率均可达100%。

四、临床症状

潜伏期从几小时到数天不等。一般为3~7天。OIE《陆生动物卫生法典》指出其潜伏期可达21天。

临床症状依感染禽类的品种、年龄、性别、并发感染程度和环境因素等而异，可表现为呼吸道、消化道、生殖系统、神经系统异常等其中一组或多组症状。鸡和火鸡感染后症状明显，病鸡精神沉郁，减食及消瘦；蛋鸡产蛋量下降或停止，产软壳蛋、畸形蛋；轻度到严重的呼吸道症状，包括咳嗽、打喷嚏、啰音和鼻、眼有分泌物；眼睑肿胀，鸡冠和肉髯肿胀、发绀；结膜肿胀、充血，脚鳞弥漫性出血和肿胀；共济失调、瘫痪、扭头等神经症状；水样粪便，开始呈浅绿色，后期呈白色。隐性感染不表现任何症状。鸭、鹅等水禽感染后可见神经和腹泻症状，有时可见角膜炎症，甚至失明。

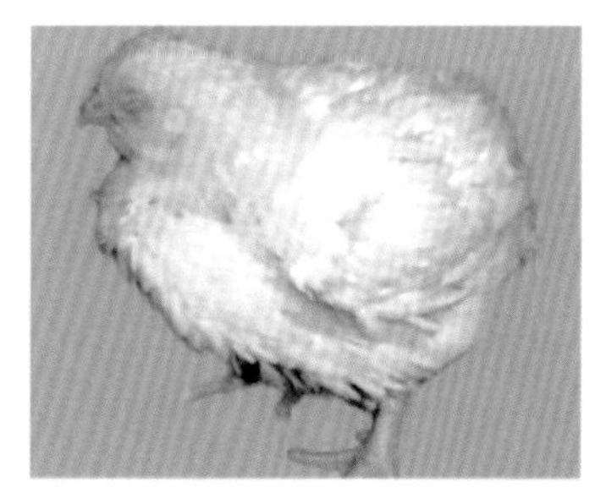

图2-2　精神沉郁

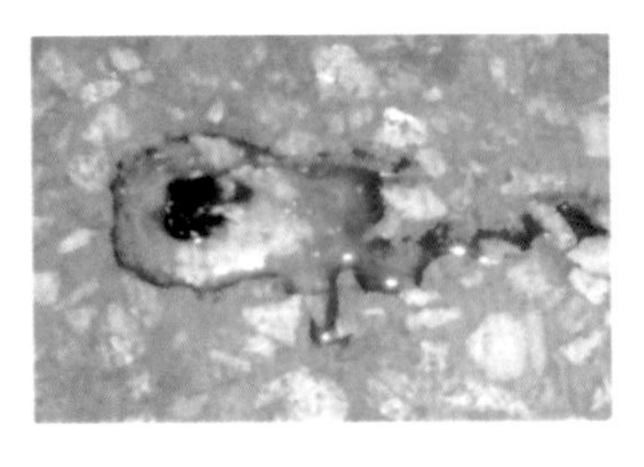
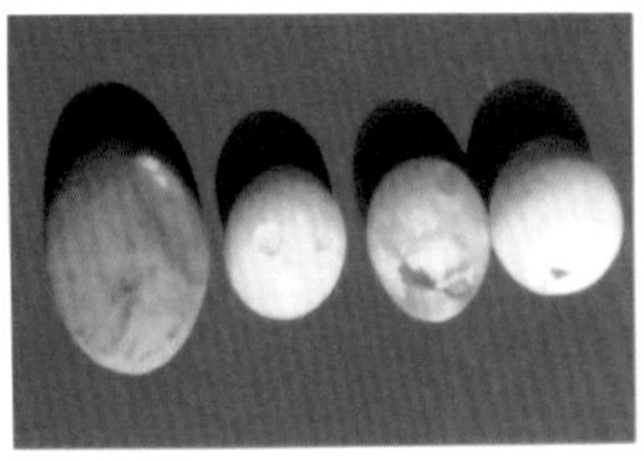

图2-3　排黄绿色稀便、产蛋率下降，产软壳蛋、畸形蛋

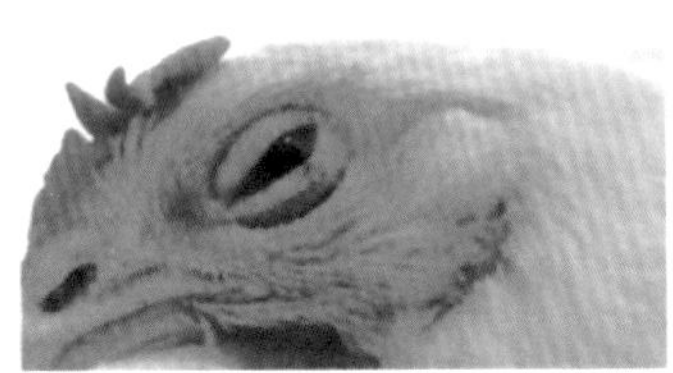

图2-4　结膜充血、出血，眼睑肿胀

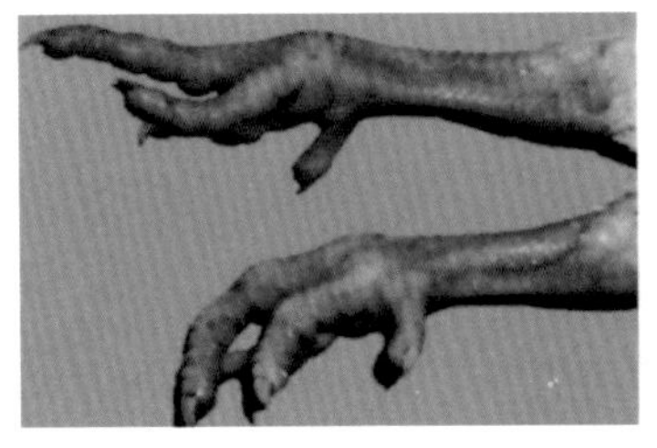
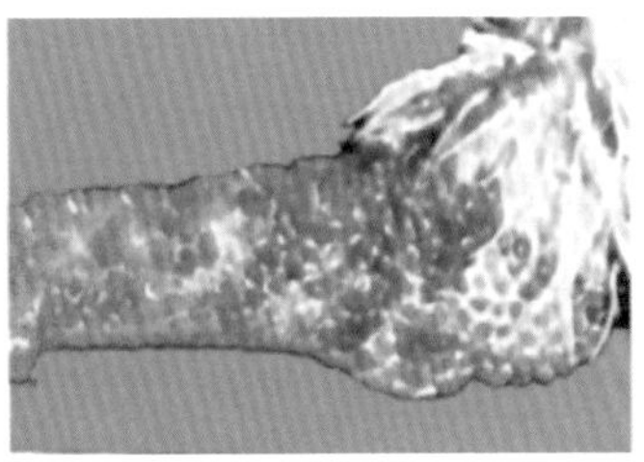

图2-5　腿部皮肤充血、出血，病鸡脚鳞充血、出血

五、病理变化

消化道、呼吸道黏膜广泛充血、出血；腺胃黏液增多，可见腺胃乳头出血，腺胃和肌胃之间交界处黏膜可见带状出血；心冠及腹部脂肪出血；输卵管的中部可见乳白色分泌物或凝块；卵泡充血、出血、萎缩、破裂，有的可见“卵黄性腹膜炎”。

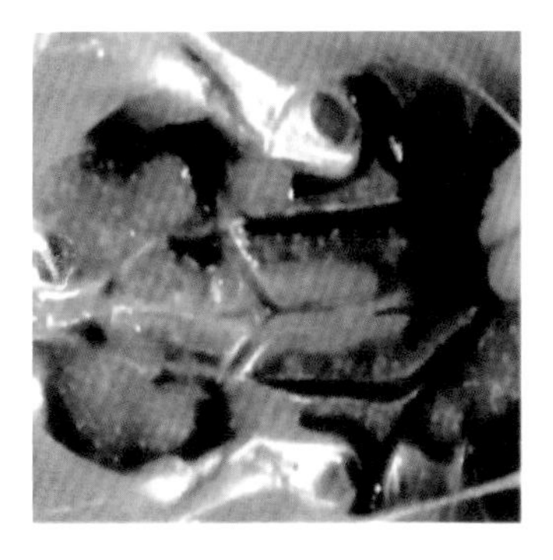
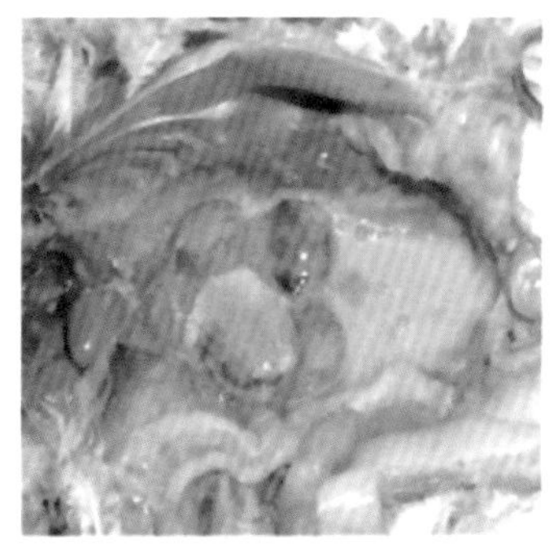

图2-6　肾肿大，有黄白色坏死灶，卵泡出血、破裂，腹腔内有新流出的卵黄

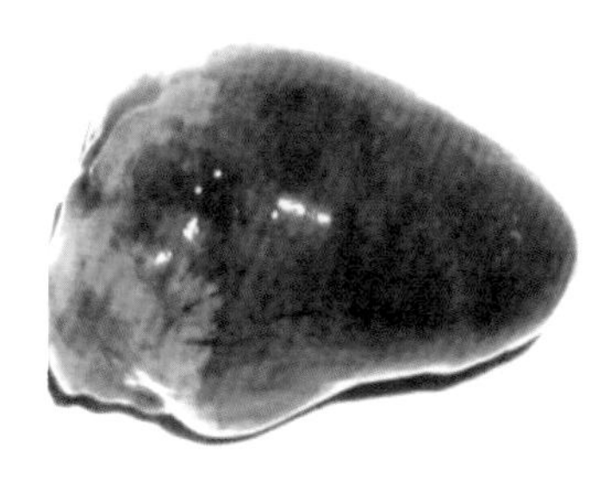
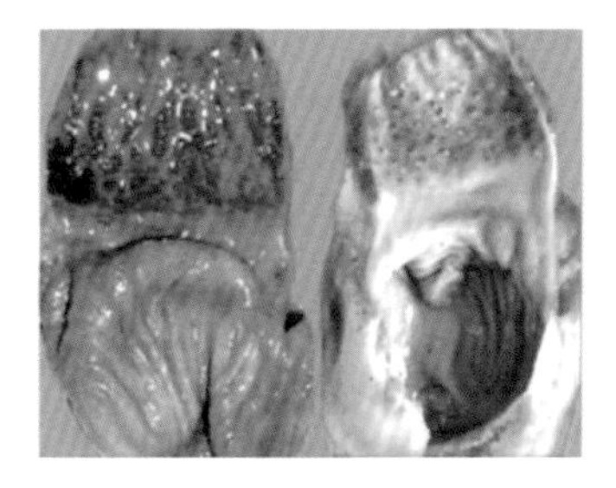

图2-7　心包积液，心外膜有点状出血，黄白色条纹状坏死

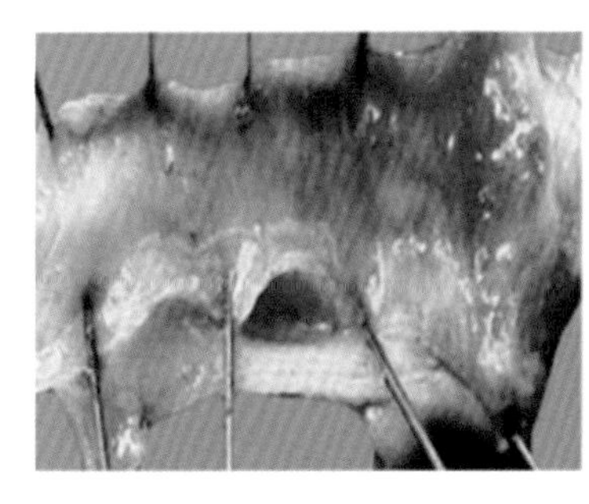

图2-8　喉头气管黏膜水肿，气管内有干酪样渗出物

病理组织学变化的特征是水肿、出血和血管周围淋巴细胞性管套，脑部出现坏死灶、神经胶质灶、血管增生等病变。

六、诊断

1. 初步诊断

根据流行病学特点、临床症状和病理变化做出初步诊断，确诊需进一步做实验室检测。

2. 实验室诊断

我国制定的实验室诊断方法包括血清学和病原学指标检测。

（1）样品采集：病死禽可采集肠内容物（粪便）或气管、肺、心、肝、肾、脾、小肠和输卵管等脏器。活禽可采集咽喉拭子和泄殖腔拭子，也可采集新鲜粪便样品。短期（4天以内）待检样品，置4℃下保存，长期待检样品应置-70℃下保存，样品应避免反复冻融。用于血清学检查，应采集急性期、恢复期的双份血清，于-20℃下冷冻保存待检。

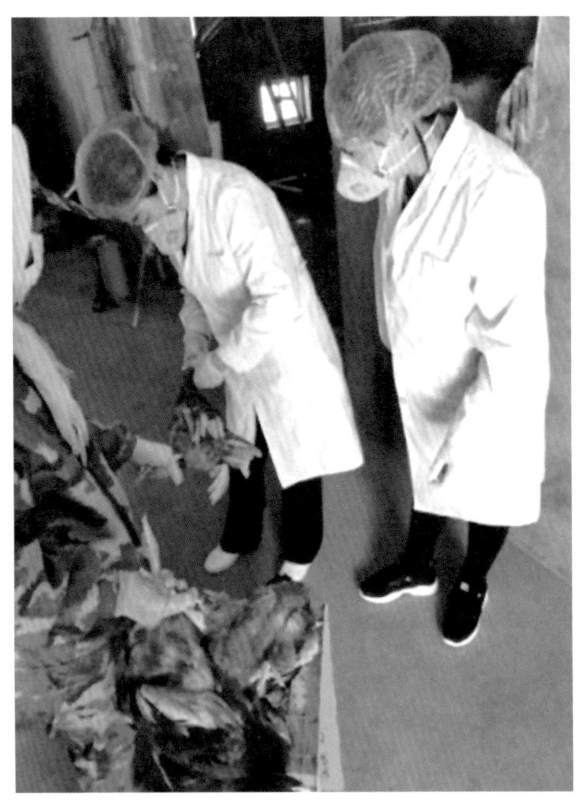

图2-9　采集样品

（2）血清学检测：血清学检测主要应用血凝抑制试验（HI）和禽流感琼脂免疫扩散试验（AGID）。

（3）病原学检测：病原学检测包括病毒分离鉴定、RT-PCR检测，致病性测定包括静脉内接种致病指数测定和血凝素基因裂解位点的氨基酸序列测定。

3. 鉴别诊断

应注意与新城疫、支原体病和其他呼吸道疾病相区别。

七、防控

（1）采取免疫、监测、检疫、监管相结合的综合防治措施。对所有易感家禽实施强制免疫。国家要求对所有鸡、鸭、鹅、鹌鹑、鸽子等人工饲养的禽只使用重组禽流感病毒（H_5+H_7）三价灭活疫苗强制免疫。严禁从发生疫病的国家和地区引进禽类及其产品。

饲养场应远离水禽、野生鸟类栖息地和交通干道；加强人流、物流的控制，采取全进全出和封闭饲养的模式，建立严格的防疫、检疫、隔离、消毒制度和科学的饲养管理制度。

（2）严格疫情处置。发生高致病性禽流感疫情时，要按照国家《高致病性禽流感防治技术规范》等有关规定进行处置。

八、公共卫生

相关工作人员进入污染或可能污染区域时，应穿防护服、胶靴，戴可消毒的橡胶手套、N95口罩或标准手术口罩、护目镜；工作完成后，应对场地及设施进行彻底消毒，在场内或处理地的出口处脱掉防护装备，并做消毒处理，对更衣区域进行消毒，人员用消毒水洗手。

图2-10　个人卫生防护

密切注意从事采样、扑杀处理野鸟、消毒等人员及饲养员的健康状况。

九、 生物安全

按照《病原微生物实验室生物安全管理条例》和《动物病原微生物分类名录》规定，本病危害程度为第一类，实验活动所需实验室生物安全级别分别为：病原分离培养BSL-3、动物感染实验ABSL-3、未经培养的感染性材料实验BSL-2、灭活材料实验BSL-2。航空运输动物病原微生物、病料，按UN2814（仅培养物）要求进行包装和运输。通过其他交通工具运输动物病原微生物和病料的，按照农业部《兽医诊断样品采集、保存与运输技术规范》（2016）进行包装和运输。

第三章　非洲猪瘟

一、概述

非洲猪瘟是由非洲猪瘟病毒引起的一种急性、热性、高度接触性动物传染病，发病率和病死率可达100%。猪（包括家猪和野猪）是非洲猪瘟病毒唯一的易感宿主，且无明显品种、日龄和性别差异，没有证据显示其他哺乳动物能感染该病。《中华人民共和国动物防疫法》将其列为一类动物疫病，OIE将其列为法定报告的动物疫病。

二、病原

非洲猪瘟病毒在低温条件下保持稳定，4℃时可存活150天以上，-20℃以下可存活数年，病毒在25~37℃时可存活数周，但对高温抵抗力不强，56℃ 70分钟或60℃ 20分钟可被灭活，100℃时可迅速被杀灭。

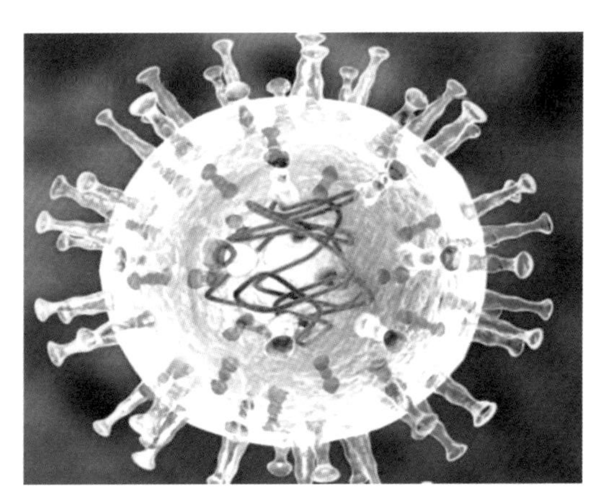

图3-1　非洲猪瘟病毒

非洲猪瘟病毒耐酸碱，能够在很广的pH范围内存活。在pH

1.9~13.4时能存活2小时以上。在pH<3.9（强酸性环境）或pH>11.5（强碱性环境）的无血清介质中能很快被灭活。但在有血清存在时，其抵抗力显著提高，如在pH13.4（强碱性环境）的无血清情况下只能存活21小时，而有血清存在时则可存活7天。

在自然条件下，非洲猪瘟病毒可以长时间保持感染性。在病猪粪便中可存活数周，在未经熟制的带骨肉及香肠、烟熏肉等制品中可存活3~6个月甚至更长时间，在冷冻肉中可存活数年，在餐厨剩余物（泔水）中存活时间较长。

非洲猪瘟病毒粒子表面有囊膜，对乙醚、氯仿等有机溶剂敏感，常规消毒剂如氢氧化钠、次氯酸盐、醛类制剂等均可灭活病毒。

三、流行病学

1. 传染源

感染非洲猪瘟病毒的家猪、野猪（包括病猪、康复猪和隐性感染猪）和钝缘软蜱等为主要传染源。

2. 传播途径

主要通过接触非洲猪瘟病毒感染猪或非洲猪瘟病毒污染物（餐厨废弃物、饲料、饮水、圈舍、垫草、衣物、用具、车辆等）传播，消化道和呼吸道是最主要的感染途径，也可经钝缘软蜱等媒介昆虫叮咬传播。

3. 易感动物

家猪和欧亚野猪高度易感，无明显的品种、日龄和性别差异。疣猪和薮猪虽可感染，但不表现明显临床症状。

4. 潜伏期

因毒株、宿主和感染途径的不同，潜伏期有所差异，一般为5~9天，最长可达21天。OIE《陆生动物卫生法典》将潜伏期定为15天。

5. 发病率和病死率

不同毒株致病性有所差异，强毒力毒株可导致感染猪在12~14天内100%死亡，中等毒力毒株造成的病死率一般为30%~50%，低毒力毒株仅引起少量猪死亡。

6. 季节性

该病季节性不明显。

四、临床症状

依临床症状和病程长短，可分为最急性型、急性型、亚急性型和慢性型。

（1）最急性型：无明显临床症状突然死亡。

（2）急性型：体温可高达42℃，沉郁，厌食，耳、四肢、腹部皮肤有出血点，可视黏膜潮红、发绀，眼、鼻有黏性或脓性分泌物，呕吐，便秘，粪便表面有血液和黏液覆盖，或腹泻，粪便带血。共济失调或步态僵直，呼吸困难，病程延长则出现其他神经症状。妊娠母猪流产，病死率可达100%，病程4~10天。

（3）亚急性型：症状与急性型相同，但病情较轻，病死率较低。体温波动无规律，一般高于40.5℃，仔猪病死率较高，病程5~30天。

（4）慢性型：波状热，呼吸困难，湿咳。消瘦或发育迟缓，体弱，毛色暗淡。关节肿胀，皮肤溃疡。死亡率低，病程

图3-2　病猪全身出现出血点、出血斑

2~15个月。

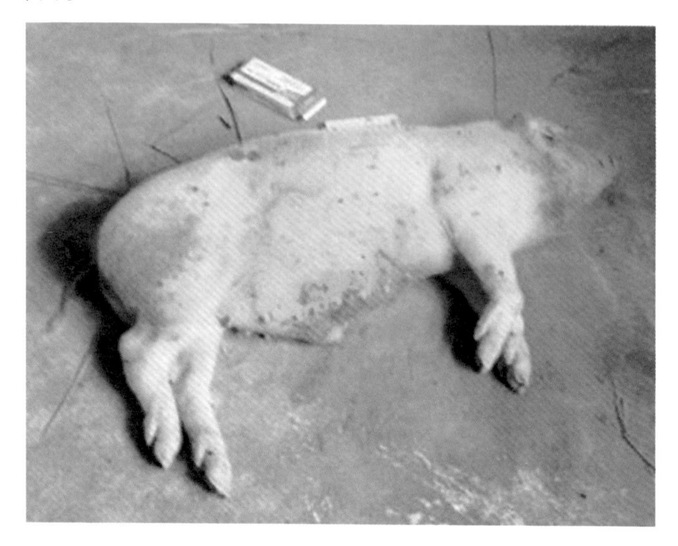

图3-3　病猪出现出血斑

五、病理变化

最急性型病例可能无明显的病理变化。

急性型和亚急性型病例的典型病理变化，包括浆膜表面充血、出血，肾脏、肺脏表面有出血点，心内膜和心外膜有大量出血点，胃、肠道黏膜弥漫性出血，胆囊、膀胱出血，肺脏肿大，切面流出泡沫性液体，气管内有血性泡沫样黏液，脾脏肿大、易碎，呈暗红色至黑色，表面有出血点，边缘钝圆，有时出现边缘梗死。颌下淋巴结和腹腔淋巴结肿大，严重出血。

慢性型主要引起呼吸道的变化，病变为纤维性胸膜肺炎，肺干酪样坏死，纤维性心包炎、心外膜炎以及关节炎，有时可见肾脏、皮肤点状出血、坏死，母猪流产，流产胎儿全身水肿，皮肤、心肌、肝脏和胎盘可见点状出血。

图3-4　非洲猪瘟内脏病理变化

六、诊断

1. 实验室鉴别诊断

（1）抗体检测：可采用间接酶联免疫吸附试验、阻断酶联免疫吸附试验和间接荧光抗体试验等方法。

（2）病原学检测：

①病原学快速检测：可采用双抗体夹心酶联免疫吸附试验、聚合酶链式反应或实时荧光聚合酶链式反应等方法。

②病毒分离鉴定：可采用细胞培养等方法。从事非洲猪瘟病毒分离鉴定工作，必须经农业农村部批准。

2. 临床诊断

（1）发病率、病死率超出正常范围或无前兆突然死亡。

（2）皮肤发红或发紫。

（3）出现高热或结膜炎症状。

（4）出现腹泻或呕吐症状。

（5）出现神经症状。

符合第(1)条，且符合其他条之一的，判定为符合临床症状标准。

3. 剖检诊断

(1)脾脏异常肿大。

(2)脾脏有出血性梗死。

(3)下颌淋巴结出血。

(4)腹腔淋巴结出血。

符合上述任何一条的，判定为符合剖检病变标准。

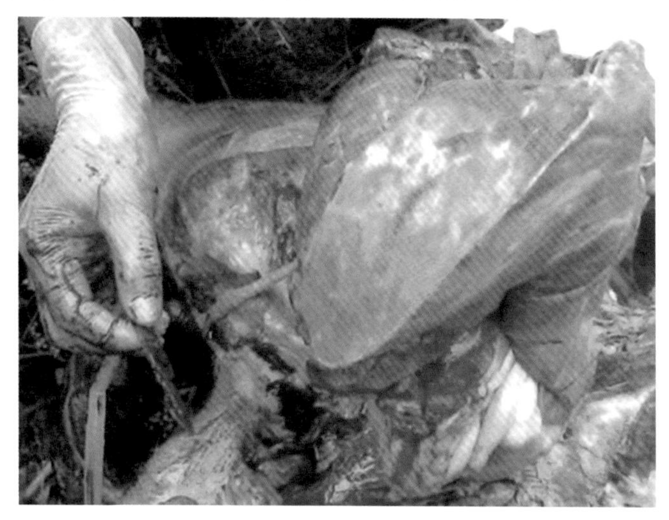

图3-5　非洲猪瘟内脏剖检

七、防控

1. 加强疫情排查

一旦发现疫情，要立即动员多方面力量对本地区养猪场(户)非洲猪瘟疫情进行全面、反复排查，排查工作实行日报告制度，按规定程序及时上报工作进展情况和排查中出现的异常情况，及时做好采样送检工作。

2. 加强生物安全管理

图3-6　猪场消毒灭源

图3-7　无害化处理

农牧部门要监督指导养殖场(户)做好定期消毒、封闭管理、车辆进出消毒和饲料管理,加大对生猪养殖从业人员宣传力度,严禁使用以猪血为原料的猪用饲料和餐厨剩余物饲喂生猪。

第四章　布鲁氏菌病

一、概述

布鲁氏菌病（简称布病）是由布鲁氏菌属的细菌侵入机体，引起传染-变态反应性的人畜共患传染病。以生殖系统发炎、流产、不孕、睾丸炎和关节炎为主要特征。《中华人民共和国动物防疫法》将其列为二类动物疫病，《中华人民共和国传染病防治法》将其规定为乙类传染病，OIE将其列为法定报告动物疫病。

二、病原

布鲁氏菌为一组微小的球状、球杆状、短杆状细菌，呈多态性，革兰氏染色阴性，菌体无鞭毛，不形成芽孢。目前已知有60多种家畜、家禽及野生动物是布鲁氏菌的宿主。与人类有关的传染源主要是羊、牛及猪。病畜能从不同途径（奶、尿、粪、精液、阴道分泌物）向外排出布鲁氏菌，尤为重要的是怀孕母畜在生产时或流产时可排出大量布鲁氏菌。人接触到这些带菌物质时就可能被感染。

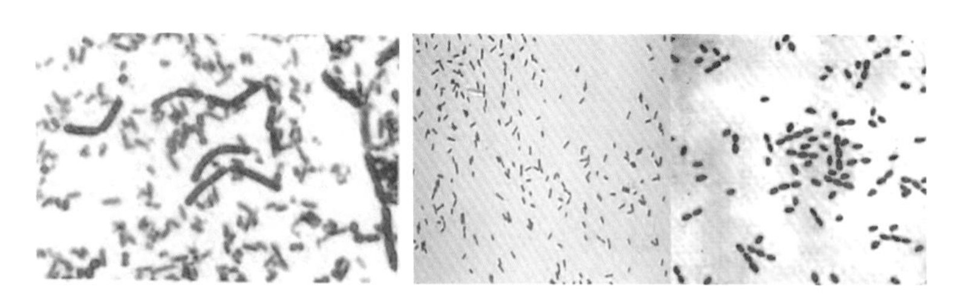

图4-1　布鲁氏菌

我国已分离到14个生物型，即羊种（1~3型），牛种（除5型以外的7个型），猪种（1、3型），绵羊附睾种和犬种各1型。

布鲁氏菌在污染的土壤和水中可存活1~4个月，皮毛上2~4个月，鲜乳中8天，乳、肉食品中至少75天，子宫渗出物中200天，在直射阳光下可存活4小时。60℃加热30分钟或70℃加热5分钟即被杀死，煮沸立即死亡。

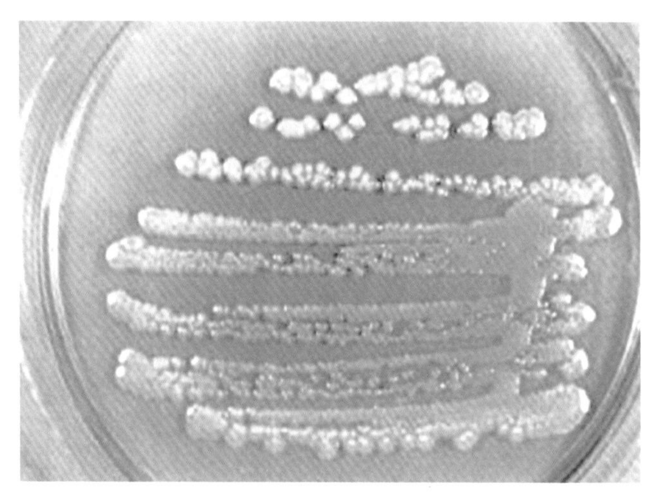

图4-2　布鲁氏菌培养

布鲁氏菌属表

属	种	型	最适宿主
布鲁氏菌属	羊种布鲁氏菌	1、2、3	绵羊、山羊
	牛种布鲁氏菌（B.aboetus）	1、2、3、4、6、7、9	牛
	猪种布鲁氏菌（B.suis）	1、3	猪
	犬种布鲁氏菌（B.canis）	2	野兔
	绵羊附睾种布鲁氏菌（B.ovis）	4	鹿
	沙林鼠种布鲁氏菌（B.neotomae）		

三、流行病学

布病流行范围广，几乎遍布世界各地，我国多见于内蒙古及东北、西北等牧区，赤峰市也是重度流行区。

（1）易感动物：各种动物都有易感性，牛、羊最易感，一般母畜比公畜易感，怀孕母畜尤其易感。人对羊、牛、猪、犬种布鲁氏菌都有易感性，其中羊种对人致病力最强。

（2）传染源：病畜和带菌的动物主要通过胎儿、胎衣、胎水、阴道分泌物、乳汁、精液以及被污染的饲料、饮水、用具等传染。

（3）传播途径：主要是经消化道感染，其次是经生殖道、皮肤、黏膜和吸血昆虫感染。

本病无明显的季节性。在疫区，大多数初产母牛流产后不再发生流产。

四、临床症状

潜伏期2周至6个月。母畜最显著的临床症状是流产，流产胎儿多为死胎或弱胎，流产前一般无体温变化，阴唇和阴道黏膜潮红肿胀，阴道流出不洁的棕红色黏液，乳腺受损。公畜阴茎潮红肿胀，更常见的是睾丸炎、附睾炎、睾丸肿大，配种能力下降或丧失，并伴有关节炎，关节肿大疼痛。

图4-3　布病羊流产胎儿

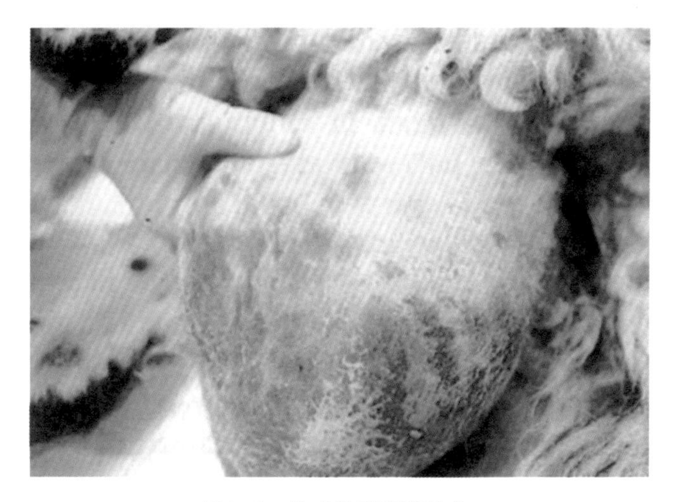

图4-4　羊感染后阴囊肿大

五、病理变化

母畜流产后继发子宫内膜炎，剖检可见弥漫性红色斑纹。

图4-5　化脓性子宫内膜炎

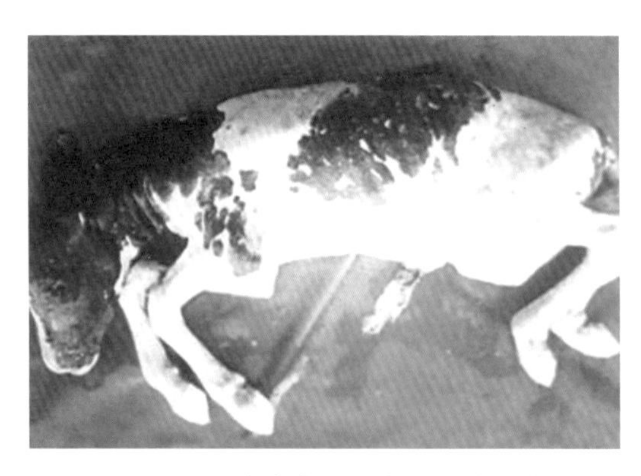

图4-6 流产犊牛全身肿胀，有出血点

胎膜呈黄色胶冻样浸润，有些部位覆有纤维蛋白絮片和脓液，有的部位增厚形成结节、有出血点，绒毛叶部分或全部贫血；胎儿浆膜、黏膜有出血点或出血斑，脾和淋巴结肿大；公畜表现为睾丸炎，附睾肿大、坚硬，并有坏死灶和脓肿。

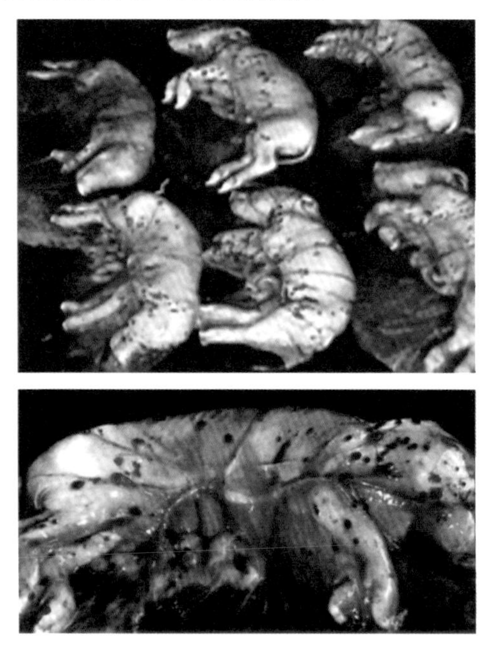

图4-7 布病猪死胎胎面上散在出血点

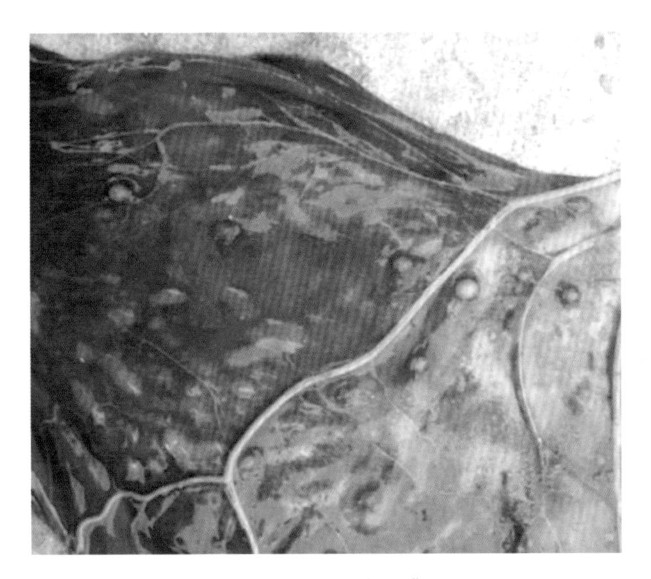

图4-8　布病猪胎膜

骨关节系统受损，关节肿大、粘连；软组织损伤，如筋膜、腱膜、关节囊、关节周围组织及肌肉等损伤。形成蜂窝组织炎和纤维组织炎，出现大小不等的结缔组织结节及浸润。

图4-9　布病牛关节肿胀

六、诊断

1. 临床诊断

出现持续数日乃至数周的发热、多汗、乏力、肌肉和关节酸疼，或肝、脾、淋巴结和睾丸肿大等可疑症状及体征时即初步判定为感染该病。

2. 实验室诊断

（1）虎红平板凝集试验：出现凝集反应。

（2）试管凝集实验SAT：1∶100（++）。

（3）补体结合试验CFT：1∶10（++）。

（4）病原分离：检出布鲁氏菌。

图4–10　试管凝集试验

七、防控

饲养场坚持自繁自养和封闭管理，加强卫生消毒工作。加强异地调运动物管理，特别是种用、乳用动物的检疫，对控制区和稳定控制区实施监测净化；疫区实施监测、扑杀和免疫相结合的防治措施。

1. 预防接种

预防接种措施既是预防措施，又是控制疫情蔓延的措施。在防治布病中预防接种主要对象是健康家畜，目前常用疫苗有布鲁氏菌19号菌苗（A19苗）、猪布鲁氏菌2号弱毒活苗（S2苗）。

2. 疫情处置

发现疑似疫情，应立即对疑似患病动物隔离。一旦确诊，应对患病动物全部扑杀。将扑杀动物及其流产胎儿、胎衣、排泄物、乳、乳制品等进行无害化处理。开展流行病学调查和疫源追踪，并对同群动物进行检测。对患病动物污染的场所、用具、物品等严格进行消毒。

八、公共卫生与人员防护

加强卫生监督，禁食病畜产品，防止病畜排泄物污染水源，对与病畜或其产品接触者，要进行宣传教育，做好个人防护。

第五章　牛结节性皮肤病

一、概述

牛结节性皮肤病是由痘病毒科山羊痘病毒属牛结节性皮肤病病毒引起的牛全身性感染疫病，临床以皮肤出现结节为特征。OIE将其列为法定报告的动物疫病，2020年7月3日发布的《中华人民共和国进境动物检疫疫病名录》（农业农村部、海关总署联合公告第256号）中将牛结节性皮肤病由一类动物传染病调整为二类动物传染病。

二、病原

牛结节性皮肤病病毒属于痘病毒科山羊痘病毒属，病毒可于pH 6.6~8.6环境中长期存活，干燥病变中存活1个月以上，在干燥圈舍内可存活几个月，对热敏感，55℃ 2小时或65℃ 30分钟可失活，对直射阳光、酸、碱和大多数常用消毒药均较敏感。

三、流行病学

该病于1926年在津巴布韦被首次确诊，一直在撒哈拉沙漠以南地区流行50多年，1988年之后蔓延到非洲大陆，2015年传入欧洲。目前广泛分布于非洲、中东、中亚、东欧等地区。2019年8月我国首次在新疆确诊发生牛结节性皮肤病。

1. 传染源

患病牛是主要传染源。感染牛和发病牛的皮肤结节、唾液、精液等含有病毒。该病不传染人，不是人畜共患病。

2. 传播途径

主要通过吸血昆虫（蚊、蝇、蠓、虻、蜱等）叮咬传播，也可通过相互舔舐、摄入被污染的饲料和饮水感染该病。

3. 易感动物

能感染所有牛，黄牛、奶牛、水牛等易感，无年龄差异。

4. 潜伏期

OIE《陆生动物卫生法典》规定，潜伏期为28天。

5. 发病率和病死率

发病率可达2%～45%。病死率一般低于10%。

6. 季节性

该病主要发生于吸血虫媒活跃季节。

四、临床症状

体温升高可达41℃，可持续大约1周。浅表淋巴结肿大，特别是肩前淋巴结肿大。发热后48小时皮肤上会出现直径10～50mm的结节，

图5-1　患牛结节性皮肤病的牛

以头、颈、肩部、乳房、外阴、阴囊等部位居多。结节可能破溃，吸引蝇蛆，反复结痂，迁延数月不愈。

图5-2　患牛结节性皮肤病的牛

图5-3　患牛结节性皮肤病的牛

五、病理变化

消化道和呼吸道内表面有结节病变。

图5-4　呼吸道内表面有结节病变

六、诊断

1. 临床诊断

牛结节性皮肤病最显著特征是全身皮肤出现结节病变。牛只全身皮肤出现10~50mm多发性结节、结痂，病牛体温升高（可达41℃），高烧持续大约一周。病变常发生在头、颈、会阴、生殖道、乳房和四肢的皮肤。

牛结节性皮肤病与牛疱疹病毒病、伪牛痘、疥螨病等临床症状相似，需开展实验室检测进行鉴别诊断。

对怀疑为牛结节性皮肤病的，要及时采集病牛皮肤结节或结痂组织或抗凝全血等样品，进行病毒检测。

2. 实验室检测

（1）抗体检测：采集全血分离血清用于抗体检测，可采用病毒中和试验、酶联免疫吸附试验等方法。

（2）病原检测：采集皮肤结痂、抗凝全血等用于病原检测。

（3）病毒核酸检测：可采用荧光聚合酶链式反应、聚合酶链式反应等方法。

七、防控

1. 扑杀、无害化处理

疫情确诊后，要立即扑杀、无害化处理所有发病牛，对扑杀和病死牛、被污染饲料和垫料、污水等进行无害化处理；同群病原学阴性牛应隔离饲养，做好同群牛临床监视，并鼓励提前出栏屠宰。

2. 清洗、消毒

对养殖场环境、被污染的物品、交通工具、器具、圈舍、车辆等相关设施进行彻底清洗、消毒。常用消毒剂有氢氧化钠、碘、福尔马林等。

图5-5　养殖场环境消毒

3. 杀灭蚊蝇等昆虫媒介

采取相应的措施杀灭蚊蝇等传播牛节结性皮肤病的昆虫媒介。

4. 紧急免疫

采用山羊痘疫苗（5倍剂量）对疫点、疫区全部牛只进行紧急免疫。

5. 限制同群牛移动

扑杀、紧急免疫完成后1个月内，限制同群牛移动，禁止发生疫情旗县区活牛调出。

6. 加强流行病学调查

查明疫情来源和可能传播去向，及时消除疫情隐患。

八、公共卫生

加强对牛只养殖、经营、屠宰等相关从业人员的宣传教育，增强自主防范意识，提高从业人员的防治意识。做好人员防护，采样时要配备防护服、手套等防护用具，并做好个人及环境的消毒工作。

第六章　小反刍兽疫

一、概述

小反刍兽疫是由小反刍兽疫病毒引起的小反刍动物的一种急性病毒性传染病。其特征是发病急剧，高热稽留，眼鼻分泌物增加，口腔糜烂，出现腹泻和肺炎。病毒主要感染绵羊和山羊。OIE将该病规定为必须报告的疫病，我国农业农村部将其列为一类动物疫病。

二、病原

小反刍兽疫病毒属于副黏病毒科麻疹病毒属。该病毒呈多型性，通常为粗糙的球形，病毒颗粒较牛瘟病毒大，有囊膜。对热、紫外线、干燥环境、强酸强碱等非常敏感，不能在常态环境中长时间存活。

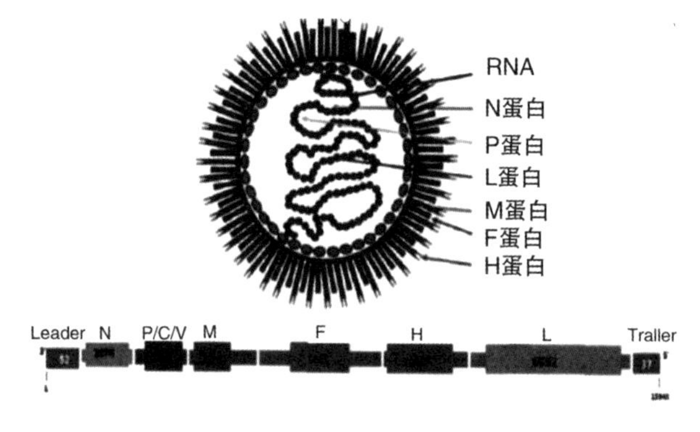

图6–1　小反刍兽疫病毒及其基因组模式图

三、流行病学

1. 传染源

主要为患病动物和隐性感染者，处于亚临床状态的羊尤为危险。

2. 传播途径及方式

经感染动物的眼鼻分泌物、唾液、呼吸道飞沫、尿液、粪便，甚至乳汁，污染区的水源、料槽、垫料等传播。

3. 易感动物

绵羊、山羊、羚羊、美国白尾鹿等小反刍动物。牛、猪等可以感染，但通常为亚临床经过。

4. 流行特点

全年均可发生，通常在多雨季节和干燥寒冷季节多发。易感动物群发病率达100%，严重暴发死亡率100%，中度暴发死亡率50%。暴发流行后，常有一个5～6年的缓和期。

四、临床症状

患病动物发病急剧、高热稽留。初期精神沉郁，食欲减退，鼻镜干燥，口、鼻腔流黏脓性分泌物，呼出恶臭气体；口腔黏膜和齿龈充血，进一步发展为颊黏膜出现广泛性损害，导致涎液大量分泌排出；随后黏膜出现坏死性病灶，感染部位包括下唇、下齿龈等处，严重病例可见坏死病灶波及齿龈、腭、颊部及乳头、舌等处。后期常出现带血的水样腹泻，病羊严重脱水，消瘦，并常有咳嗽、胸部啰音以及腹式呼吸的表现。死亡前体温下降。

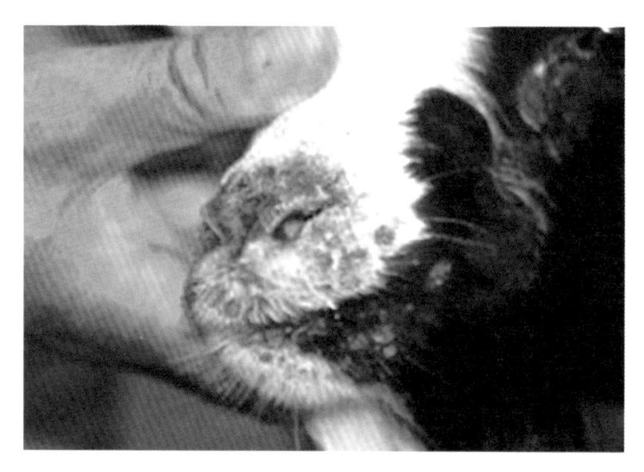

图6-2 鼻腔黏脓性分泌物

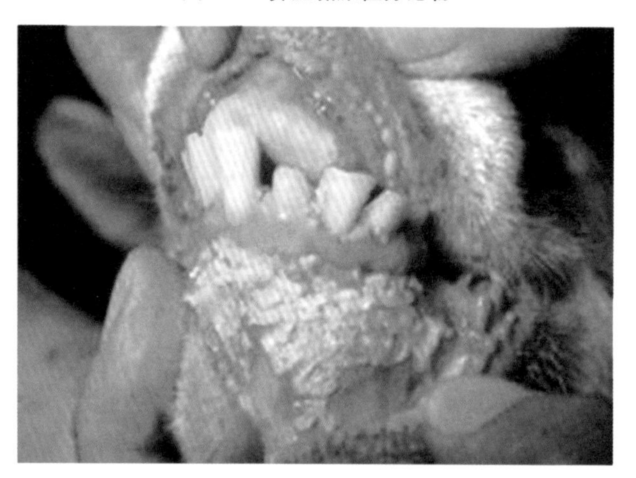

图6-3 口腔黏膜溃烂坏死

五、病理变化

肉眼可见病变为结膜炎、坏死性口炎等，严重病例可蔓延到硬腭及咽喉部。皱胃常出现有规则、有轮廓的糜烂病灶，其创面出血呈红色，瘤胃、网胃、瓣胃很少出现病变。肠道有糜烂或出血，结肠和直肠结合处常发现特征性线状出血或斑马样条纹。淋巴结肿大，脾有坏死病变。在鼻甲骨、喉、气管等处有出血斑。

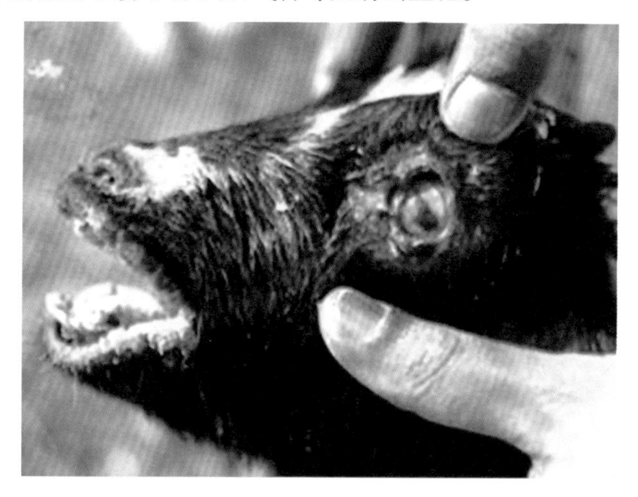

图6-4　结膜炎

六、诊断

1. 临床诊断

据流行病学、临床表现和病理变化可做出初步诊断。

2. 实验室诊断

包括病毒分离和血清学试验。病毒分离鉴定可用棉拭子采集活体动物的眼结膜分泌物、鼻腔分泌物、颊及直肠黏膜；或病死动物的脏器如脾脏、大肠和肺脏及肠系膜淋巴结、支气管淋巴结等病料接种适当的细胞。

血清学常用的方法有病毒中和试验、ELISA、琼脂免疫扩散试验、荧光抗体技术、对流免疫电泳等。

分子生物学技术目前常用PPR特异性的cDNA探针和RT-PCR两种方法检测。

3. 鉴别诊断

该病应与牛瘟进行区别，小反刍兽疫可引起山羊和绵羊临床症状，但被感染的牛不表现症状，因此山羊和绵羊出现临床症状时首先怀疑为小反刍兽疫。

七、防控

该病危害相当严重，无特效的治疗方法，一旦发生，立即扑杀染病动物，销毁处理。受威胁地区可通过接种小反刍兽疫疫苗建立免疫带，防止该病传入。

第七章　高致病性猪蓝耳病

一、概述

高致病性猪蓝耳病是由猪繁殖和呼吸障碍综合征病毒变异株引起的一种急性高致病性疫病。本病以妊娠母猪的繁殖障碍（流产、死胎、木乃伊胎）及各种年龄猪特别是仔猪的呼吸道疾病为特征。1992年OIE正式定名猪繁殖和呼吸障碍综合征，并将其列为必须报告的动物疫病，我国将其列为一类动物疫病。

二、病原

猪繁殖和呼吸障碍综合征病毒为单股正链RNA病毒。病毒呈球形，有囊膜，直径40～60nm，表面有约5nm大小的突起。病毒的稳定性受pH和温度的影响比较大。在pH小于5或大于7的条件下，其感染力降低95%以上。干燥可很快使病毒失活。对有机溶剂十分敏感，经氯仿处理后，其感染性可下降99.99%。对常用的化学消毒剂的抵抗力不强。高致病性蓝耳病病毒中变异毒株的毒力明显增强，死亡率明显提高。

三、流行病学

蓝耳病于1987—1988年在美国北卡罗来纳州、明尼苏达州及艾奥瓦州首先发生。在我国，蓝耳病首先于1995年底在华北地区规模化猪场发生；高致病性蓝耳病于2006年在我国南方部分省份流行，其后短短几年时间在我国大部分养猪地区流行。

本病是一种高度接触性传染病，呈地方流行性。流行范围广，波及地区多，传播速度快，出现疫情后，3~5天波及整个猪群，1~2周扩散至整个猪场，并向周边地区传播。病毒只感染猪，各种品种、不同年龄和用途的猪均可感染，但以妊娠母猪和1月龄以内的仔猪最易感。患病猪和带毒猪是本病的重要传染源。病毒的主要传播途径是接触感染、空气传播和精液传播，也可通过胎盘垂直传播。易感猪可经口、鼻腔、肌肉、腹腔、静脉及子宫内接种等多种途径而感染病毒，猪感染病毒后2~14周均可通过接触将病毒传播给其他易感猪。从病猪的鼻腔、粪便拭子及尿中均可检测到病毒。易感猪与带毒猪直接接触或与病毒污染的运输工具、器械接触均可受到感染。感染猪的流动也是本病的重要传播方式。

持续性感染是本病流行病学的重要特征，病毒可在感染猪体内存在很长时间。耐过猪可长期带毒和不断向体外排毒。

四、临床症状

本病的潜伏期差异较大，引入感染猪后易感猪群发生本病的潜伏期最短为3天，最长为37天。本病的临床症状变化很大，且受病毒毒株、免疫状态及饲养管理因素和环境条件的影响。低毒株可引起猪群无临床症状的流行，而强毒株能够引起严重的临诊疾病。临诊上可分为急性型、慢性型、亚临诊型等。

图7-1　高发病率、高死亡率

图7-2　病猪发烧喜卧扎堆

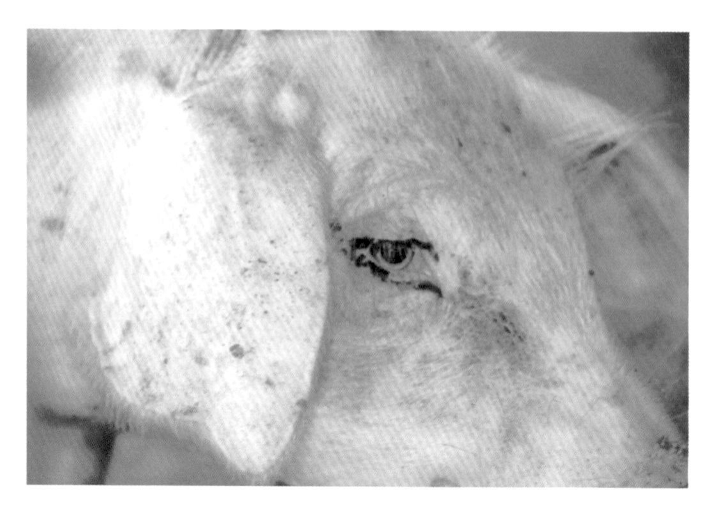

图7–3　结膜炎

图7–4　流鼻涕

1. 急性型

病猪以体温升高（41～42℃）为特点，病程1～3周。抗菌药物治疗无明显效果。发病母猪主要表现为精神沉郁、食欲减少或废绝、发热，出现不同程度的呼吸困难。母猪发生流产、早产，母猪流产率可达50%～70%，死产率可达35%以上。仔猪发病率可达

100%，死亡率在50%以上，感染本病的耐过猪生长缓慢，易继发其他疾病。

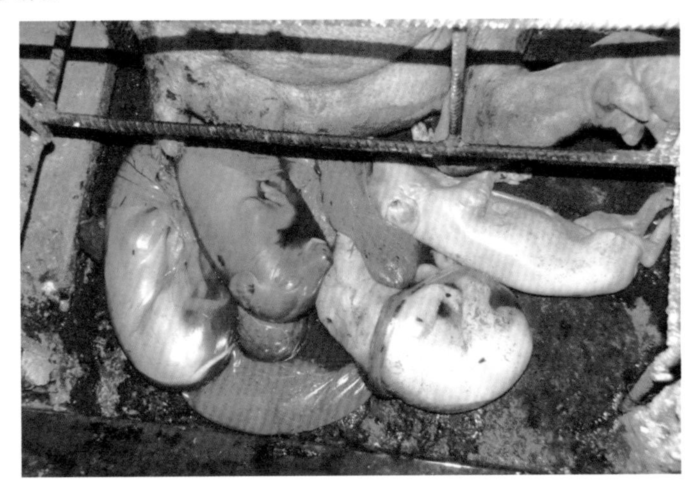

图7–5　母猪流产

生长猪和育肥猪仅表现出轻度的临床症状，有不同程度的呼吸系统症状。

种公猪的发病率较低，但公猪的精液品质下降，精子出现畸形，精液可带毒。

2. 慢性型

这是目前在规模化猪场猪蓝耳病表现的主要形式。主要表现为猪群的生产性能下降、生长缓慢，母猪群的繁殖性能下降，猪群免疫功能下降，易继发感染其他细菌性和病毒性疾病。猪群的呼吸道疾病（如支原体感染、传染性胸膜肺炎、链球菌病、附红细胞体病）发病率上升。

3. 亚临诊型

感染猪不发病，表现为猪繁殖和呼吸障碍综合征病毒的持续性感染，猪群的血清学抗体阳性，阳性率一般在10%～88%。

五、病理变化

1. 大体病变

淋巴结肉眼变化不明显。呼吸道有间质性肺炎，有时有卡他性肺炎。若有继发感染，则可出现相应的病理变化，如心包炎、胸膜炎、腹膜炎及脑膜炎等。

2. 病理组织学

病毒感染引起的繁殖障碍所致的死产仔猪和胎儿很少有特征性病变。猪蓝耳病致死的胎儿病变是子宫内无菌性自溶的结果，没有特异性。

生长猪更常见特征性组织性病理变化，肺的组织学病变具有普遍性，有诊断意义。

猪蓝耳病合并细菌、病毒感染时，则发生肺炎、间质性肺炎、化脓性纤维素性支气管肺炎等。以发生中心肥大和增生、生发中心坏死为特征。

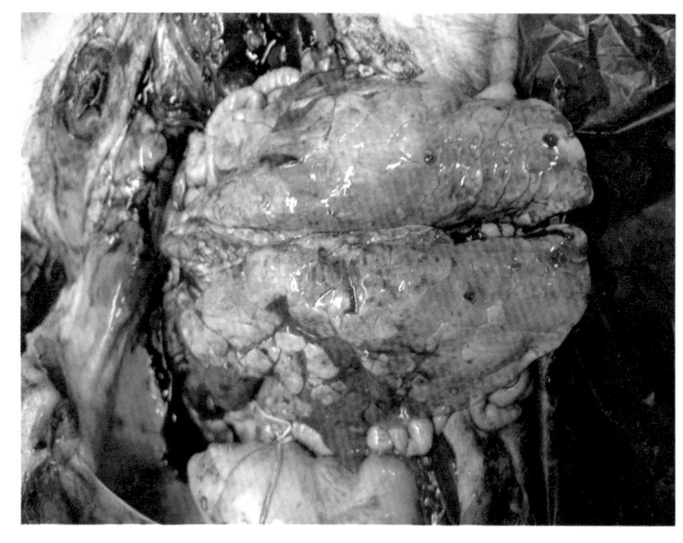

图7–6　肺病变

六、诊断

仅根据临床症状及流行病学特点难以对本病做出确切诊断，需要与其他有关繁殖与呼吸道疾病进行鉴别后，方能怀疑本病。确切诊断需依赖实验室诊断技术，包括病原检测、分离与鉴定，血清学诊断等。

1. 临诊诊断

根据临床症状可做出初步疑似诊断。发病猪体温明显升高，可达41℃以上，病猪全身皮肤发绀，耳朵发紫是其主要特征。剖检时脾脏增大3～4倍是其典型症状。妊娠后期母猪发生流产，产死胎，胎儿木乃伊化，母猪流产率可在30%以上，出现呼吸困难，新生仔猪出现呼吸道症状，高死亡率（80%～100%）。

图7–7　病猪皮肤发红、出血、出疹

2. 抗体检测技术

血清学抗体检测技术是应用最为广泛的实验室诊断方法，目前有4种不同的方法用于检测血清中的猪繁殖和呼吸障碍综合征病毒抗体，包括免疫过氧化物酶单层试验（IPMA）、间接免疫荧光抗体试验（IFA）、间接ELISA和血清中和试验（SN）。ELISA方法简便，适用于大规模的检测。

3. 分子生物学诊断技术

使用病原学检测试剂盒可确诊猪蓝耳病。

4. 鉴别诊断

本病应与其他繁殖障碍和呼吸道疾病进行鉴别诊断，如应与伪狂犬病、猪圆环病毒病、猪细小病毒病、猪瘟、猪流行性乙型脑炎、猪呼吸道冠状病毒病、猪脑心肌炎、猪血凝性脑脊髓炎以及其他细菌性疾病进行区分。

七、防控

（1）坚持自繁自养的原则，建立稳定的种猪群，不轻易引种。如必须引种，首先要搞清所引猪场的疫情。此外，还应进行血清学检测，阴性猪方可引入，坚决禁止引入阳性带毒猪。引入后必须建立适当的隔离区，做好监测工作，一般需隔离检疫3～4周，健康者方可混群饲养。

（2）规模化猪场应彻底实现全进全出，至少要做到产房和保育两个阶段的全进全出。

（3）建立健全规模化猪场的生物安全体系，定期对猪舍和环境进行消毒，保持猪舍饲养管理用具及环境的清洁卫生。

（4）应做好各阶段猪群的饲养管理，用好料，保证猪群的营养水平。

（5）做好其他疫病的免疫接种，控制好其他疫病，特别是猪瘟、猪伪狂犬病和猪气喘病的控制。

（6）定期对猪群中猪繁殖和呼吸障碍综合征病毒的感染状况进行监测，以了解猪蓝耳病在猪场的活动状况。

（7）对发病猪场、养殖户实施隔离、封锁，扑杀所有病猪和同群猪，对病死猪，被污染的饲料、垫料、污水等进行无害化处理，对被污染的物品、交通工具等进行彻底消毒。

（8）对所有生猪用高致病性猪蓝耳病灭活疫苗进行免疫。发生疫情时，用高致病性弱毒疫苗进行紧急强化免疫。

八、公共卫生

加强卫生监督，对病猪不准宰杀、不准食用、不准出售、不准转运。对病死猪和粪污做无害化处理。加强科普知识宣传，提高广大养殖户的防疫意识。饲养人员不得随意剖检病死猪，不能随意进出其他猪舍，做好自身防护。

第八章 炭 疽

一、概述

炭疽是由炭疽杆菌引起的一种急性、热性、败血性人畜共患烈性传染病，其特征是发病急、死亡快、死亡率高，典型病变是败血症、脾脏高度肿大、皮下和浆膜下出血性胶样浸润。我国农业农村部将其列为二类动物疫病，原卫生部将其列为乙类人间传染病；OIE将其列为法定报告动物疫病。

二、病原

1. 分类

炭疽杆菌归芽孢杆菌科芽孢杆菌属。

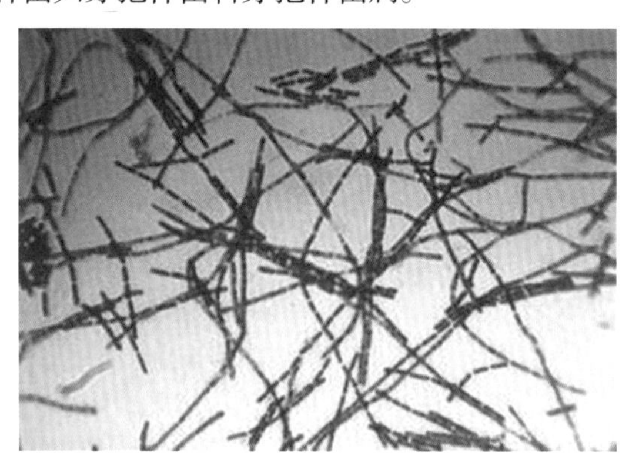

图8–1 炭疽杆菌病原

2. 形态特征

炭疽杆菌，革兰氏染色阳性，菌体两端平直，呈竹节状，无鞭毛。在病料检样中多散在或呈2~3个短链排列，有荚膜；在培养基中则形成较长的链，一般不形成荚膜。本菌在病畜体内和未剖开的尸体中不形成芽孢，但暴露于充足氧气和适当温度下能在菌体中央处形成芽孢。

3. 培养特性

一般人工培养基即可生长。在普通琼脂培养基上，灰白、不透明、粗糙、大菌落，低倍镜下菌落边缘呈卷发或火焰状构造。在血平面培养基上不溶血，可形成荚膜；在肉汤培养基中呈絮状沉淀；在明胶培养基中呈倒立松树状生长。

4. 抵抗力

炭疽杆菌菌体对外界理化因素的抵抗力不强，但芽孢则有坚强的抵抗力，在干燥的状态下可存活32~50年，150℃干热60分钟方可将其杀死。现场消毒常用20%的漂白粉，0.1%升汞，0.5%过氧乙酸。来苏尔、石炭酸和酒精对炭疽杆菌的杀灭作用较差。

三、流行病学

1. 传染源

主要是病畜，特别是病重动物的血液、痈肿溃烂组织中含有大量病原体，可造成严重传播，并使污染的环境成为永久性疫源地。

2. 传播途径及方式

主要通过呼吸道、消化道、皮肤创伤及蚊虫叮咬而间接传播，畜产品也可传播。

3. 易感动物

人和各种动物均易感，而草食畜最易感。

4. 流行特点

本病有一定季节性，夏季发病较多，秋、冬季发病较少。夏季发生较多，可能与放牧时间长、气温高、雨量多、吸血昆虫大量活动等因素有关系。有的地区发病是因从疫区运入病畜产品，如骨粉、皮革、羊毛等引起的。

四、临床症状

家畜潜伏期一般为1~5天，短者数小时，长者14天。

根据表现一般分为四型。

（1）最急性型：最常见于羊、牛、鹿，发病急骤，突然倒地、昏迷、呼吸困难，黏膜发绀，全身战栗，几分钟至几小时内死亡，七窍出血。

图8-2　羊炭疽

（2）急性型：最多见。牛、马多见，有典型发病过程，病初体温升高至42℃，牛不食，战栗，呼吸困难，黏膜发绀，有出血点，便秘或血便，腹痛（踢腹），兴奋，吼叫；后沉郁，昏迷，停乳，流产，气喘，磨牙，痉挛，舌外伸、肿胀难收回，天然孔出血而死，病程1~2天。

（3）亚急性型：多见于牛、马，病情稍缓和，病程稍长，体表先有局限性水肿，尤以颈、咽、胸、腹下、肩胛、乳房等皮肤常见，硬而热痛，后无热无痛，中央有水疱，后溃烂变黑色，即炭疽痈，严重时可转为急性。有肺炎、肠炎症状者多为炭疽痈而致败血症，最终死亡，病程1周左右。羊、鹿与牛相似，但以最急性多见，常突然发病、眩晕、摇摆、咬牙、痉挛、倒地抽搐、七窍出血而死，病程仅几分钟或几小时。

（4）慢性型：主要发生于猪。以咽炭疽多见，咽及附近淋巴结肿大、颈粗、体温升高、呼吸困难，多在宰后发现，肉联厂多见。也有急性败血性和肠炎型，症状严重，导致死亡。

人潜伏期12小时至12天，一般为2~3天。临床上可分为三种病型：

（1）皮肤炭疽：较多见，约占人炭疽的98%，主要在面颊、颈肩、手、足等裸露部位出现小斑丘疹，以后出现有痒性水疱或出血性水疱。

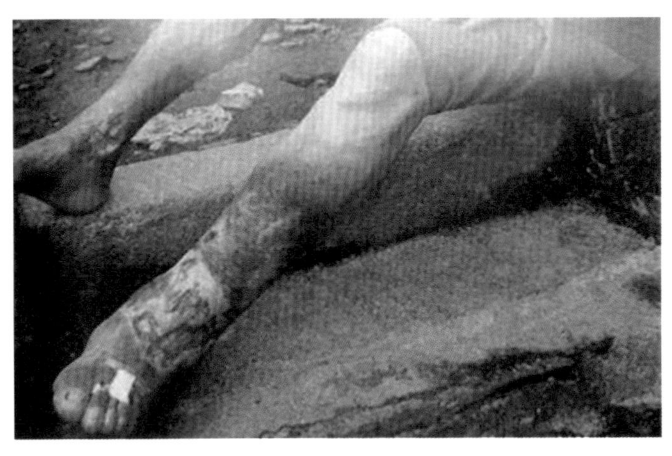

图8-3　足、小腿炭疽

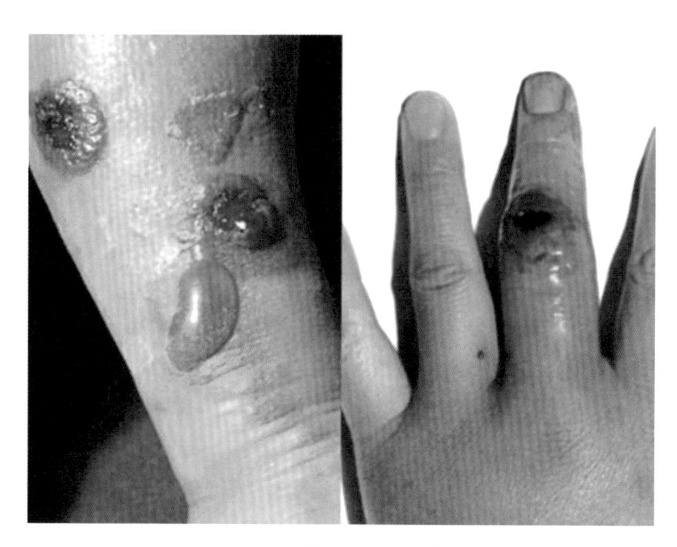

图8-4　小臂、手中指关节炭疽

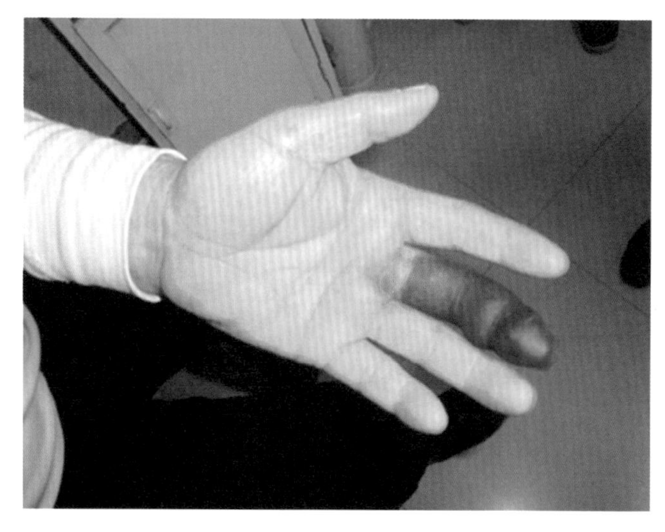

图8-5　手中指炭疽

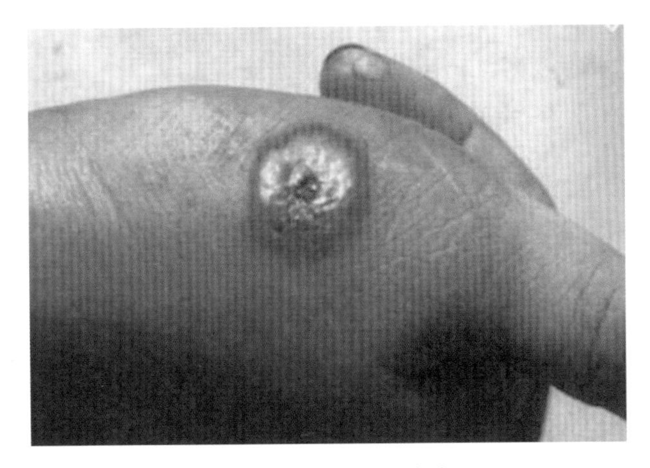

图8-6 大拇指下部炭疽

（2）肺炭疽：患者表现高热、恶寒、咳嗽、咯血、呼吸困难、可视黏膜发绀等急剧症状，常伴有胸膜炎、胸腔积液，经2~3天死亡。

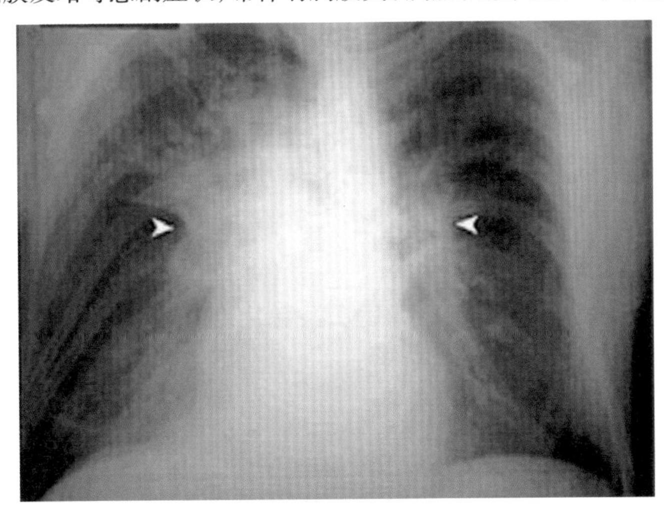

图8-7 肺炭疽

（3）肠炭疽：发病急，有高热、持续性呕吐、腹痛、腹泻、血尿及腹胀、腹膜炎等症状，全身症状明显。

五、病理变化

一般禁剖，必要时局检，严防污染。

1. 外观变化

尸僵不全，天然孔出血，血凝不良，煤油样或淡红色液体，尸体迅速腐败、膨胀。

2. 剖检变化

败血症，全身皮下、浆膜、黏膜出血、水肿、胶冻样浸润，突出点是脾脏高度肿大（3~5倍），表面黑紫，切面如泥，败血脾。也可见炭疽痈（溃烂、坏死组织），淋巴结出血、水肿、胶冻状；猪则扁桃体出血、肿胀、坏死、周围胶冻样浸润，淋巴结切面砖红色。

六、诊断

1. 临床诊断

对于原因不明而突然死亡或临诊上出现体温升高、腹痛、痈肿、血便、病情发展急剧、死后天然孔出血等病状时，首先要怀疑为炭疽病。

2. 实验室诊断

血清学：环状沉淀试验。病原学：涂片镜检，分离鉴定。

七、防控

1. 预防

主要是免疫接种。一种是无毒炭疽芽孢苗，除山羊外，其他动物均可用。另一种是Ⅱ号炭疽芽孢苗，各种动物均可用。两种苗均在注射后14天产生免疫力，保护期1年。

2. 扑灭

上报疫情、隔离、封锁、消毒、销毁尸体、药物紧急预防，划定疫区，进行封锁，并严格执行规定的封锁措施。

八、公共卫生

人可感染发病，常表现为皮肤炭疽、肺炭疽和肠炭疽三种类型，还可继发败血症及脑膜炎，一旦发生应及早送医院治疗。

九、生物安全

凡是不明原因死亡的牲畜，不准剥皮吃肉，应经兽医人员检验后再做处理。动物死尸不能到处乱扔，应在指定的地点深埋。屠宰场、肉联厂应加强检疫工作，严格执行兽医卫生措施。

第九章　包虫病

一、概述

细粒棘球蚴病主要是由带科棘球属的细粒棘球绦虫的中绦期幼虫棘球蚴寄生在哺乳动物肝、肺及其他各种组织、器官内引起，该寄生虫对人畜危害极为严重，因其体积大，生长力强，使周围组织受到高度压迫而萎缩，如果蚴体破裂，后果更为严重。

二、病原

棘球蚴寄生于绵羊、山羊、黄牛、骆驼、猪、马等家畜及多种野生动物和人的肝、肺组织中。虫体呈包囊状构造，从黄豆大到篮球大，内含液体，近似球形。囊壁分两层，外为角皮层，内为胚层。由胚层向囊内可长出许多头节样的幼虫，即原头蚴，它和成虫不同，体积小并且无顶突。有的原头蚴可生空泡，长大后形成生发囊，较小，且囊壁上可长出10~30个原头蚴。每个发育良好的棘球蚴可产生多达200万个原头蚴。原头蚴从胚层脱落和小的生发囊脱落沉没在囊液中，眼观呈细砂状，故称棘球砂或包囊砂。

棘球蚴的胚层有时能在原始囊（母囊）内转化出子囊，子囊和母囊结构一样，有角皮层、胚层，也产生原头蚴和生发囊。子囊还可产生孙囊，它们也能产生原头蚴。

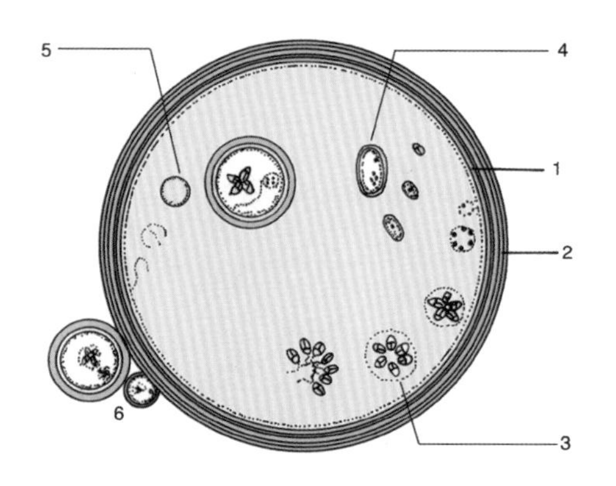

图9-1　细粒棘球蚴

1. 胚层　2.角皮层　3.生发囊内原头蚴发育形成　4.原头蚴转化为子囊的过程　5.内生性子囊形成过程　6.外生性子囊的发生

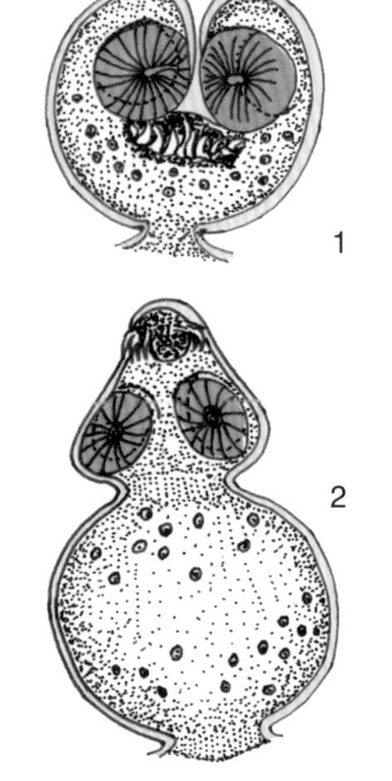

图9-2　细粒棘球蚴头节模式图

1.头节缩入　2.头节伸出

细粒棘球绦虫（成虫）寄生在狗、狼、狐等肉食动物的小肠内，虫体很小，仅有2~6mm长，由1个头节和3~4个节片构成，头节有吸盘、顶突和小钩。成熟节片内有一套雌雄生殖器官，生殖孔左右不规则交替开口，孕节有子宫侧支12~15对，内充满虫卵。

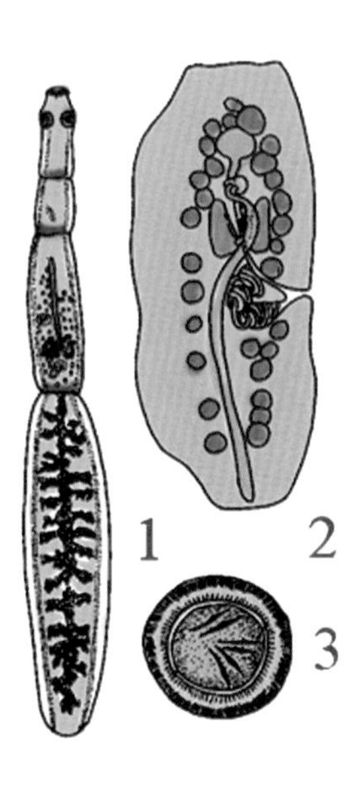

图9-3　细粒棘球绦虫

1.成虫　2.成熟节片　3.虫卵

三、生活史

成虫寄生在终末宿主的小肠中，一般数量很多。含有孕节和虫卵的粪便污染饲草、饮水或牧场，如被中间宿主吞入，虫卵内的六钩蚴在消化道内孵出，钻入肠壁，随血流进入肝、肺等脏器，经过约1个月的时间，发育成为棘球蚴，可生长达数年之久。动物内脏中成熟的棘球蚴如被终末宿主所吞食，部分原头蚴经过40~50天可发育成为细粒棘球绦虫。因棘球蚴内原头蚴的数目极多，所以终末宿主体内发育为成虫的数目也是很多的。

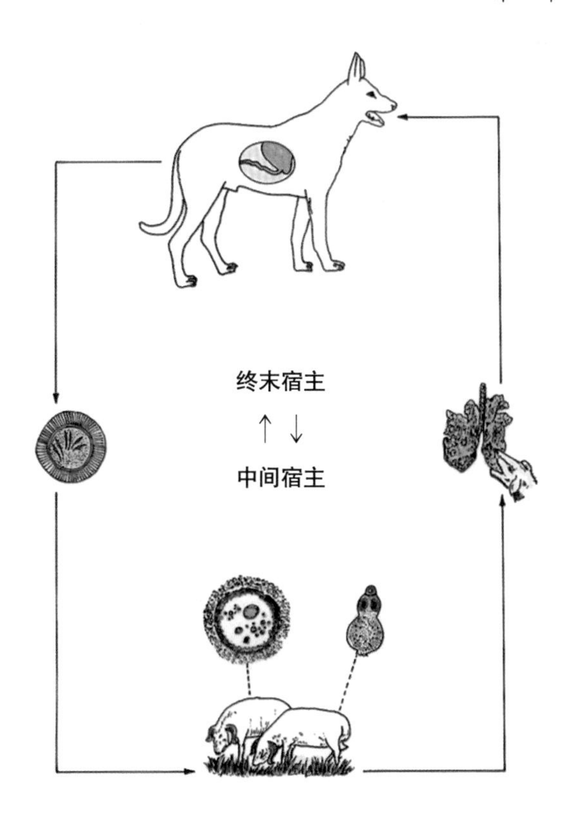

图9–4　细粒棘球绦虫发育史（生活史）

四、流行病学

棘球蚴病呈世界性分布，我国是世界上高发的国家之一，其中以新疆、西藏、宁夏、甘肃、青海、内蒙古、四川等牧区流行较为严重。绵羊感染率最高，分布面最广，因为绵羊是细粒棘球绦虫最适宜的中间宿主，而且放牧羊群与牧羊犬有密切联系。当杀羊时，常把内脏生着喂食犬类，绵羊吃被犬粪污染的牧草机会增多，造成了该寄生虫在犬和绵羊之间的循环感染。

五、临床症状

轻度感染或初期感染都无症状。草食家畜因棘球蚴寄生的部位和数量不同而出现不同症状，一般表现为消瘦、呼吸困难、咳嗽等；当大量寄生于肝脏时，叩诊时浊音区扩大，腹右侧膨大，触诊病畜表现疼痛。犬科动物感染成虫一般无明显临床症状，严重时病犬消化不良、腹泻、消瘦。

六、病理变化

肝、肺表面凹凸不平，可在该处找到细粒棘球蚴，也可在脾、肾、肌肉、皮下等多处发现包囊。包囊内充满液体，液体沉淀后，用肉眼或在解剖镜下可见许多生发囊与原头蚴。有时也可见到液体中的子囊，甚至孙囊。

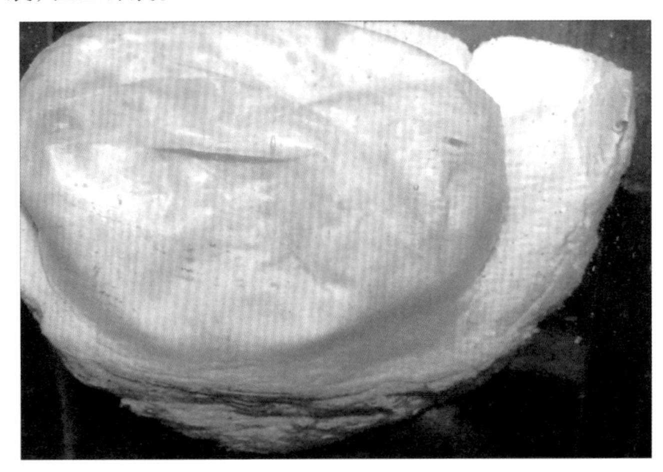

图9-5　细粒棘球蚴包囊（肝脏）

图9–6　细粒棘球蚴包囊（肺脏）

七、诊断

1. 对家畜包虫病的诊断或检测

生前诊断比较困难，可采用免疫学方法（间接血凝试验、酶联免疫吸附试验、金标免疫层析法）进行诊断，也可采用物理学诊断方法（X光、超声波、CT）或剖检时发现虫体即可确诊。

2. 对犬成虫感染的诊断或检测

诊断过程中需注意做好对人的防护，方法包括粪便节片观察、饱和盐（糖）水虫卵漂浮法检查、氢溴酸槟榔碱泻下检查法、粪抗原免疫学检测（ELISA）、PCR分子生物学诊断法、剖解法等。

八、预防

（1）对犬定期驱虫（吡喹酮），服药前12小时内将犬拴住，不给食物；驱虫后也把犬拴住，收集排出的粪便，深埋消毒。消灭野犬。

（2）对重点地区的羊实施强制免疫。对种羊进行程序化免疫，对新生羔羊、补栏羊及时进行免疫。

（3）加强宣传教育，禁止给犬饲喂生的家畜内脏；家畜饲养场

（户）应保持饲料、饮水和畜舍的清洁卫生，防止被犬粪污染；与犬等肉食兽有接触的人员，应注意个人防护，不吃被犬粪污染的蔬菜和水果等，宣传棘球蚴病防治知识。

（4）定点屠宰，加强检疫，防止感染棘球蚴的动物组织和器官流入市场。对屠宰产生的污物、污水进行无害化处理。

九、公共卫生

（1）处理动物粪便或肠道材料的实验室应设更衣室，进入之前穿防护服。参与检查中间宿主的幼虫材料的工作人员，佩戴防护眼镜。

（2）洗涤槽内的传染性材料在排入下水道之前，要进行煮沸消毒，包囊材料和感染的中间宿主残留物煮沸消毒，或焚烧。

（3）对现场解剖的动物进行深埋或焚烧，终宿主的肠管在从尸体上取下之前应结扎，防止传染性材料播散。

（4）从事棘球蚴病现场防治工作的人员应穿戴适当的防护装备，包括长筒胶靴、手套、口罩、帽子、工作服。每年定期检查棘球蚴病，以便患病后得到及时治疗。

第十章　牛结核病

一、概述

牛结核病是由牛分枝杆菌引起的一种人和多种家畜共患的慢性传染病，以组织器官的结核结节性肉芽肿和干酪样、钙化的坏死病灶为特征。我国农业农村部将其列为二类动物疫病，原卫生部将结核病列为乙类人间传染病；OIE将其列为法定报告动物疫病。

二、病原

牛结核病主要由牛分枝杆菌引起，其他型结核分枝杆菌也可感染。牛分枝杆菌较短而粗，不产生芽孢和荚膜，也不能运动，为革兰氏染色阳性菌。结核菌具有蜡质膜，常用萋–尼氏抗酸染色法检测，呈红色。

该菌对外界的抵抗力很强，在土壤中可生存7个月，在粪便内可生存5个月，在奶中可存活3个月。对直射阳光和湿热的抵抗力较弱。常用消毒药经4小时可将其杀死，75%酒精、10%漂白粉、石炭酸、3%甲醛等均对其有可靠的杀灭作用。

三、流行病学

1. 分布范围

牛结核病分布广泛，在很多国家仍然是牛和其他家畜及某些野生动物的主要传染病。目前，在有些国家已经消灭了结核病，如丹麦、比利时、德国、荷兰、澳大利亚和新西兰等国。

2. 传染源

病畜是主要传染源，结核分枝杆菌在机体中分布于各个器官的病灶内，因病畜能由鼻汁、粪便、乳汁、尿及气管分泌物排出病菌，污染周围环境而散布传染。

3. 传播途径

主要经呼吸道和消化道传染。

4. 易感对象

奶牛最易感，其次为水牛、黄牛、牦牛；猪、鹿、猴也可感染；多种野生动物，如鹿、狐狸、象、雪貂、野兔、虎等均可感染本病。人可通过接触病牛及受污染的牛奶、排泄物、病损组织，甚至饲养区域空气飞沫等感染。人结核也可感染牛。

5. 流行特点

本病一年四季都可发生。舍饲的牛发病较多。畜舍拥挤、阴暗、潮湿、污秽不洁及饲养不良等，均可促进本病的发生和传播。

四、临床症状

本病潜伏期一般为3～6周，有的可长达数月或数年。病程呈慢性经过，表现为进行性消瘦、咳嗽、呼吸困难，体温一般正常。临床上以肺结核、乳房结核和肠结核最为常见，也可见淋巴结核和神经结核。

（1）肺结核：以长期顽固性干咳为特征，且清晨最为明显。病畜容易疲劳，逐渐消瘦，病情严重者可见呼吸困难。

（2）乳房结核：乳量渐少或停乳，乳汁稀薄，有时混有脓块。乳房淋巴结硬肿，但无热痛。

（3）肠结核：多见于犊牛，以便秘与下痢交替出现或顽固性下痢为特征，粪便常带血或脓汁。

(4)人结核病：一年四季均可发病，以肺结核病最常见，主要临床症状为咳嗽、咳痰、咯血、胸痛、气喘等。

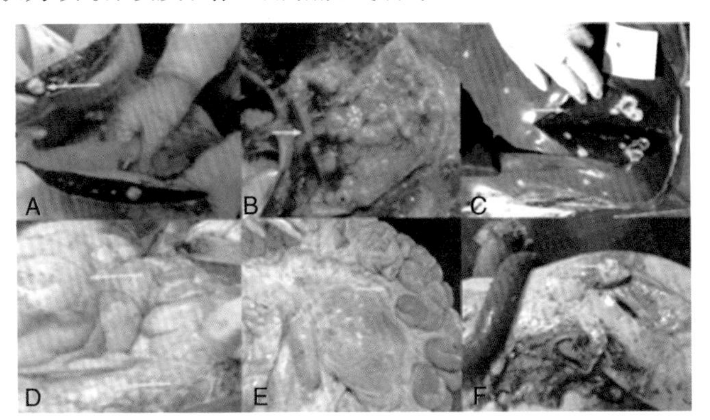

图10-1　多种结核结节，A 脾结核结节；B，C 肝结核结节；D，E 结肠和肠系膜结核结节；F 胃结核结节

图10-2　患牛结核病的牛

五、病理变化

特征病变是在肺脏及其他被侵害的组织器官形成白色的结核结节，呈粟粒大至豌豆大、灰白色、半透明状，较坚硬，多为散在。在胸膜和腹膜的结节密集，状似珍珠，俗称“珍珠病”。病期较久的，结节中心发生干酪样坏死或钙化，或形成脓腔和空洞。

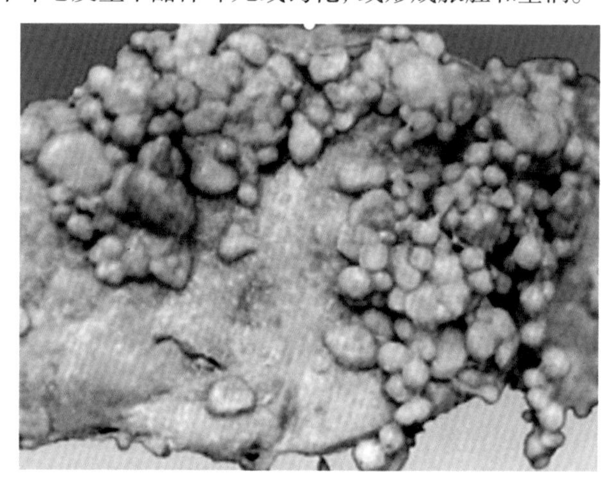

图10-3 “珍珠病”

六、诊断

1. 初步诊断

依据临床症状和病理变化做出，确诊需进行实验室诊断。

2. 实验室诊断

在国际贸易中，指定诊断方法为结核菌素试验，无替代诊断方法。我国指定的诊断方法为结核菌素试验。

结核菌素试验：皮内注射牛结核菌素，3天后测量注射部位的肿胀程度。本法为测定牛结核病的标准方法，也是国际贸易指定试验。

七、防控

按照《牛结核病防治技术规范》等要求，采取以“监测净化、检疫监督、扑杀和消毒”相结合的综合性防治措施。

1. 监测净化

监测比例：种牛、奶牛100%，规模场肉牛10%，其他牛5%，疑似病牛100%。如在牛结核病净化群中（包括犊牛群）检出阳性牛时，应及时扑杀阳性牛，其他牛按假定健康群处理。

2. 检疫监督

异地调运的动物，必须来自非疫区，凭当地动物防疫监督机构出具的检疫合格证明调运。

动物防疫监督机构应对调运的种用、乳用、役用动物进行实验室检测。检测合格后，方可出具检疫合格证明。调入后应隔离饲养30天，经当地动物防疫监督机构检疫合格后，方可解除隔离。

结核病监测合格应为奶牛场、种畜场动物防疫合格证发放或审验的必备条件。动物防疫监督机构要对辖区内奶牛场、种畜场的检疫净化情况监督检查。鲜奶收购点（站）必须凭奶牛健康证明收购鲜奶。

3. 消毒

（1）临时消毒：奶牛群中检出并剔除结核病牛后，牛舍、用具及运动场所等进行严格消毒。

（2）经常性消毒：饲养场及牛舍出入口处，应设置消毒池，内置有效消毒剂，如3%～5%来苏尔溶液或20%石灰乳等。消毒药要定期更换，以保证一定的药效。牛舍内的一切用具应定期消毒；产房每周进行一次大消毒，分娩室在临产牛生产前及分娩后各进行一次消毒。

图10-4　圈舍消毒

八、公共卫生

养殖场、屠宰场、畜产品加工厂人员以及兽医、实验室人员等在接触病牛或病菌污染物前，应穿戴防护服、口罩、手套等防护装备。工作结束后，所有防护装备应就地脱下，洗净消毒。必要时使用卡介苗（BCG）进行暴露前免疫。

九、生物安全

按照《病原微生物实验室生物安全管理条例》（2018年修正）和《动物病原微生物分类名录》规定，本病危害程度为第三类，用交通工具运输动物病原微生物和病料的，按照农业部《兽医诊断样品采集、保存与运输技术规范》（2016）进行包装和运输。

第十一章　马传染性贫血

一、概述

马传染性贫血简称马传贫，是由马传贫病毒引起的马属动物的一种传染病，临床特征是发热、贫血、出血、黄疸、心脏衰弱、浮肿和消瘦等，并反复发作，发热期临床症状明显。我国将其列为二类动物疫病。

二、病原

马传染性贫血病毒属反转录病毒科病毒。病毒粒子呈球形，有囊膜，其直径为90～120nm，囊膜厚约9nm，囊膜外有小的表面纤突。病毒粒子中心有一直径为40～60nm的类核体，呈锥状。病毒核酸为单股正链线状RNA，分2个片断。本病毒是最早被确认具有传染性的反转录病毒，符合反转录病毒的一般特征。

三、流行病学

只有马属动物易感，其中马的易感性最强，无品种、年龄、性别差异。发热期的病马，其血液和脏器中含有多量病毒，其分泌物和排泄物可散播病毒。慢性和隐性病马长期带毒，是危险的传染源。本病主要通过吸血昆虫（虻、蚊、蠓等）的叮咬而机械性传染，也可经消化道、交配、污染的器械等传染。此外，也可通过胎盘垂直传染。本病有明显季节性，多发生在7—9月。

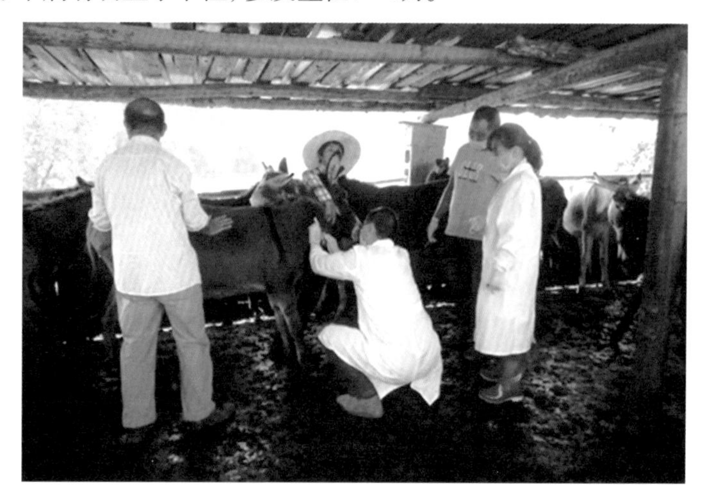

图11-1　流行病学调查

四、临床症状

本病潜伏期长短不一，一般为20~40天，最长可达90天。

根据临床特征，常分为急性、亚急性、慢性和隐性四种类型。

（1）急性型：高热稽留。发热初期，可视黏膜潮红，轻度黄染，随病程发展逐渐变为黄白至苍白；在舌底、口腔、鼻腔、阴道黏膜及眼结膜等处，常见鲜红色至暗红色出血点（斑）等。

（2）亚急性型：呈间歇热。一般发热39℃以上，持续3~5天退至常温，经3~15天间歇期又复发。有的患病马属动物出现温差倒转现象。

（3）慢性型：不规则发热，但发热时间短。病程可达数月或数年。

（4）隐性型：无可见临床症状，体内长期带毒。

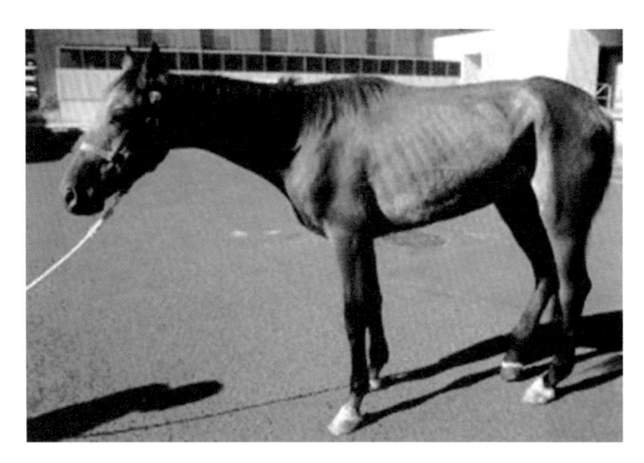

图11-2　患马传贫的马

五、病理变化

1. 剖检变化

（1）急性型：主要表现败血性变化，可视黏膜、浆膜出现出血点（斑），尤其以舌下、齿龈、鼻腔、阴道黏膜，眼结膜，回肠、盲肠和大结肠的浆膜、黏膜以及心内外膜最为明显。肝、脾肿大，肝切面呈现特征性槟榔状花纹。肾显著增大，实质浊肿，呈灰黄色，皮质有出血点。

心肌脆弱，呈灰白色煮肉样，并有出血点。全身淋巴结肿大，切面多汁，并常有出血。

（2）亚急性和慢性型：主要表现为贫血、黄染和细胞增生性反应。脾中（轻）度肿大，坚实，表面粗糙不平，呈淡红色；有的脾萎缩，切面小梁及滤泡明显；淋巴小结增生，切面有灰白色粟粒状突起。不同程度的肝肿大，呈土黄或棕红色，质地较硬，切面呈豆蔻状花纹（豆蔻肝）；管状骨有明显的红髓增生灶。

2. 病理组织学变化

主要表现为肝、脾、淋巴结和骨髓等组织器官内的网状内皮细胞明显肿胀和增生。急性病例主要为组织细胞增生，亚急性及慢性病例则为淋巴细胞增生，在增生的组织细胞内，常有吞噬的含铁血黄素。

六、诊断

1. 初步诊断

具备前述马传贫流行特点、临床症状、病理变化，可做出初步诊断。

2. 实验室诊断

确诊需进一步做实验室检测。实验室诊断方法有：马传贫琼脂扩散试验（AGID）、马传贫酶联免疫吸附试验（ELISA）、马传贫病原分离鉴定，上述任一试验结果阳性即可确诊。

图11-3　实验室病原分离

3. 鉴别诊断

本病需与梨形虫病、伊氏锥虫病、钩端螺旋体病及营养性贫血相鉴别。

七、防控

为了预防及消灭本病，必须坚决贯彻执行《马传染性贫血防治技术规范》，切实做好养、放、检、隔、封、消、处等综合性防控措施。

1. 加强饲养管理

搞好环境卫生，消灭蚊和虻；外出时，应给马带饲槽、水桶，禁止与其他马混喂、混饮或混牧；科学饲养，增强马匹体质，提高抗病能力。

2. 定期检疫

新购入的马，必须隔离观察1个月，经过检疫，健康者方可合群。

图11-4　正在检疫的马

3. 坚持免疫接种

在疫区，污染程度严重、污染面较大时，一般先进行检疫，将病马与假定健康马分群，然后对假定健康马接种马传贫驴白细胞活疫苗。

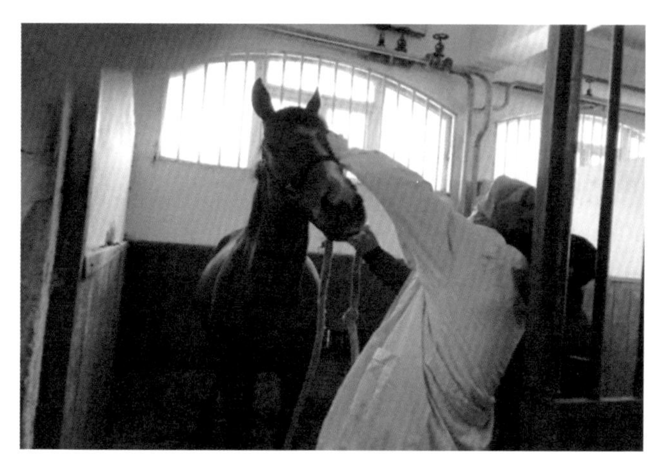

图11–5　正在接种疫苗的马

4. 加强消毒与无害化处理

马传贫病马和可疑病马污染的马厩、系马场、诊疗场、医疗器械及工作服等都应彻底消毒。粪便应堆积发酵消毒。为了防止吸血昆虫侵袭马体，可喷洒0.5%二溴磷或0.1%敌敌畏溶液。

5. 扑灭措施

一旦发生本病，按照《马传染性贫血防治技术规范》等规范要求，立即采取封锁、隔离、消毒、扑杀并无害化处理病马等措施，扑灭疫情。

第十二章　羊　痘

一、概述

羊痘是各种家畜痘病中危害最为严重的一种热性接触性传染病，由山羊痘病毒属的绵羊痘病毒引起。其特征是皮肤和黏膜上发生特异的痘疹，可见到典型的斑疹、丘疹、水疱、脓疱和结痂等病理过程。本病主要经呼吸道感染，也可通过损伤的皮肤或黏膜感染。我国将其列为一类动物疫病。

二、病毒特性

病毒呈砖形或椭圆形，大小为（200~390）nm×（100~260）nm，是动物病毒中最大的病毒。多数痘病毒能在鸡胚绒毛尿囊膜上生长，产生痘疮病灶。各种痘病毒均可在同种动物的肾、睾丸胚胎组织细胞上生长，并引起细胞病理变化或空斑；痘病毒划痕接种到宿主动物皮肤上，能引起与自然病例相似的痘疹。同属病毒之间还可以发生基因重组。病毒对温度有高度抵抗力，在干燥的痂块中可以存活几年，但病毒很容易被氯制剂或对SH-基有作用的物质所破坏，有的对乙醚敏感。痘病毒诱导的免疫应答主要为细胞免疫。

三、流行病学

羊痘一年四季均可以发生，不受季节影响，但以冬春季节发病率最高，发生后迅速传播蔓延至整个羊群。患病羊、病死羊的尸体及恢复期的患病羊都是该种病毒的主要传染源，特别是在痘疹的成熟期、结痂期和结痂脱落期，病毒传播能力极强。羊痘病毒可以通过痘疹、渗出液、呼吸分泌物、排泄物、脱落的痂皮在环境中传播。病毒可以经呼吸道传播，也可以通过损伤的皮肤黏膜侵染。通常由于养殖户引种不当造成羊痘病毒发生流行。凡是接触过患病羊的人，饲养管理用具、车辆、器具及被患病羊污染的饲料、垫料、水、土壤、皮毛等产品，都会成为该种病毒的传播媒介。自然条件下任何品种的羊对羊痘病毒均具有很强易感性，其中对羔羊造成的危害最为严重，具有很高的致死率，严重时高达100%。冬春季节气候寒冷，外界温度忽高忽低，新鲜牧草缺乏，羊身体抵抗能力下降，是加重该种病毒在养殖场发生流行的主要原因。

四、临诊表现及病理变化

痘病毒对皮肤和黏膜上皮细胞具有特殊的亲和力。病毒侵入机体后，先在单核-吞噬细胞系统增殖，再进入血液（病毒血症）扩散全身，在皮肤和黏膜上皮细胞内繁殖，引起一系列炎症过程而发生特异性的痘疹。潜伏期平均为6~8天，病羊体温升高达41~42℃，食欲减退，精神不振，结膜潮红，有浆液、黏液或脓性分泌物从鼻孔流出。呼吸和脉搏增速，1~4天后开始发痘。痘疹多发生于皮肤无毛或少毛部位，如眼周围、唇、鼻、乳房、外生殖器、四肢和尾内侧。开始为红斑，1~2天后形成丘疹，突出皮肤表面，随后丘疹逐渐扩大，变成灰白色或淡红色半球状的隆起结节。结节在几天之内变成水疱，水疱内容物起初像淋巴液，后变成脓性，如果无继发感染则在几天内干燥成棕色痂块，痂块脱落遗留一个红斑，后颜色逐渐变淡。在胃黏膜上，往往有大小不等的圆形或半球形坚实的结节，单个或融合存在，有的病例还形成糜烂或溃疡。咽和支气管黏膜亦常有痘疹。在肺部可见干酪样结节和卡他性肺炎区。此外，常见细菌性败血症变化，如肝脂肪变性、淋巴结急性肿胀等。病羊常死于继发感染。非典型病例不呈现上述典型临诊症状或经过，仅出现体温升高、呼吸道和眼结膜的卡他性炎症，不出现或仅出现少量痘疹，或痘疹呈硬结状，在几天内干燥后脱落，不形成水疱和脓疱，此为良性经过，即所谓的顿挫型。有的病例可见痘疱内出血，呈黑色痘。还有的病例痘疱发生化脓和坏疽，形成相当深的溃疡，具恶臭味，常呈恶性经过，病死率达 20%~50%。

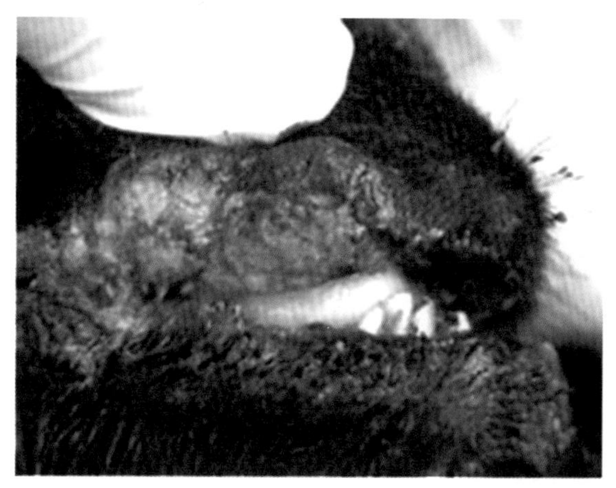

图12-1　溃疡

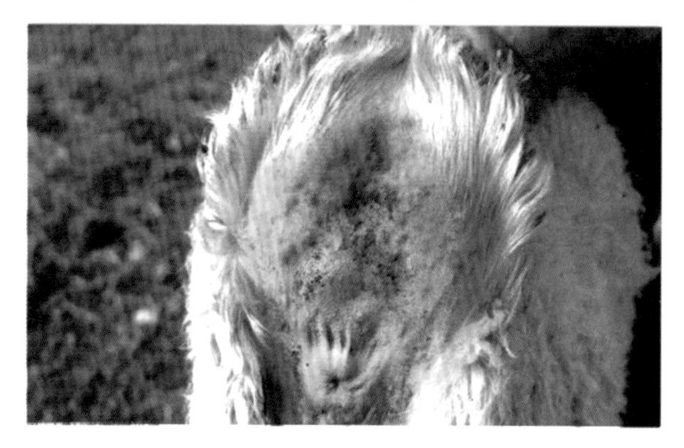

图12-2　尾部痘疹

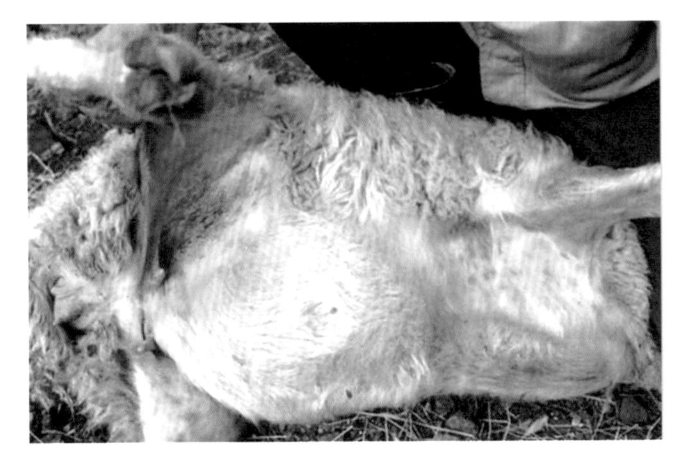

图12-3　病羊发热

图12-4　山羊痘全身症状

五、诊断

1. 初步诊断

在临床上，结合患病羊特异性的丘疹和脓疱，可以对病情做出初步诊断，确诊时还需要进行严格的实验室诊断。

2. 实验室诊断

采集病死羊的结痂组织或脓疱液充分研磨后，加入灭菌的生理盐水，放置在离心机中离心处理30分钟，取上层清液，经双抗处理后，–20℃保存过夜，作为待检抗原。选择使用羊痘病毒PCR检测试剂盒进行病毒检测，有明显的指数扩增期，且Ct大于38表示阳性，由此可以对病情做出诊断。

图12–5　实验室诊断

通过做实验室血清学中和实验可诊断。

六、防治

（1）平时加强饲养管理，抓好秋膘，特别是冬春季适当补饲，注意防寒过冬。

（2）在绵羊痘常发地区的羊群，每年定期预防接种。对尚未发病和已受威胁的羊群用羊痘弱毒疫苗进行紧急接种，不论羊只大小，一律在尾部或股内侧皮内注射疫苗0.5ml。注射后4～6天产生可靠的免疫力，免疫期可持续1年。

（3）任何单位和个人发现疫情，要立即报告。对病羊采取隔离、封锁和扑杀、消毒、无害化处理等综合措施，要严格按照绵羊痘/山羊痘防治技术规范处理疫情。

第十三章　羊梭菌性疾病

一、概述

羊梭菌性疾病（魏氏梭菌）是由梭菌属病原菌引起的一类羊急性传染病的总称，包括羊快疫、羊猝疽、羊肠毒血症、羊黑疫及羔羊痢疾等多种疾病。这类疾病均表现为发病急、病死率高，羊常无明显症状突然死亡。我国将其列为二类动物疫病。

二、病原

羊快疫由腐败梭菌引起，羊猝疽由C型产气荚膜梭菌的毒素引起，羊肠毒血症由D型产气荚膜梭菌引起，羊黑疫由B型诺维氏梭菌引起，羔羊痢疾由B型产气荚膜梭菌引起。

三、流行病学

1. 羊快疫

绵羊对羊快疫最敏感，山羊和鹿也可感染发病。发病羊多在6~18月龄。肥胖绵羊多发。主要经消化道感染。多发于秋、冬、早春气候骤变，寒冷霜冻时。腐败梭菌通常以芽孢的形式散布于自然界中，潮湿低洼的环境以及寒冷、饥饿、抵抗力低时常可促使发病。

2. 羊猝疽

本病发生于成年绵羊，以1~2岁绵羊发病较多。常见于低洼、沼泽地区，多发生于冬、春季节。主要经消化道感染，常呈地方流行性。

3. 羊肠毒血症

绵羊、山羊均可感染本病。D型产气荚膜梭菌为土壤常在菌，也存在于污水中。羊只采食被病原菌芽孢污染的饲料或饮水，芽孢便进入消化道引发感染。本病有明显的季节性和条件性。在牧区，多发于春末夏初青草萌发和秋季牧草结籽后的一段时期；在农区，则常在收菜季节，羊只食入多量菜根、菜叶，或收了庄稼后羊群抢茬吃了大量谷类的时候发生此病。本病多呈散发，绵羊发生较多，山羊较少，2~12月龄的羊最易发病，发病羊多为膘情较好的羊。

4. 羊黑疫

绵羊、山羊均可发病，以2~4岁绵羊最多发。主要发生于春夏季节肝片吸虫流行的低洼牧场。发病羊多为营养良好的肥胖羊只，主要是食入被本菌污染的牧草、饲料及饮水等，经消化道感染。

5. 羔羊痢疾

本病主要危害7日龄以内的羔羊，其中又以2~3日龄羔羊发病最多，7日龄以上的很少患病。该病的诱发因素：母羊怀孕期营养不良，羔羊瘦弱；气候寒冷，羔羊受冻；哺乳不当，羔羊饥饱不均。纯种细毛羊的适应性差，发病率和死亡率最高；杂种羊则介于纯种与土种羊之间，杂交代数愈高，发病率和病死率也愈高。主要是通过消化道传染，也可通过脐带或创伤感染传染。

四、临床症状及病理变化

1. 羊快疫

其临床症状是突然发病，往往还没出现症状羊就死亡。常见病羊放牧时死在牧场上或清晨发现死于圈内，多是较为肥胖的羊只。有的病羊死前发生疝痛、臌气、眼结膜发红、磨牙、呻吟、痉挛，口内流出带血泡沫，排便困难，粪便中混有黏液、脱落的黏膜，有时排黑色稀粪，间带血液。病羊通常在出现症状后数分钟至数小时内死亡。病羊死亡后尸体迅速腐败，腹部膨胀，皮下组织呈胶冻样。

羊快疫剖检变化特征是真胃出血性坏死性炎症，黏膜肿胀、充血，黏膜下层水肿，幽门及胃底部见点状、斑状或弥漫性出血，并可见溃疡和坏死灶。肠内充满气体气泡，黏膜也见充血、出血。腹腔、胸腔、心包腔见积水，接触空气即凝固。心内外膜可见点状出血。胆囊多肿胀。如病尸未及时剖检，则迅速腐败。

图13-1　羊快疫解剖肾脏糜烂

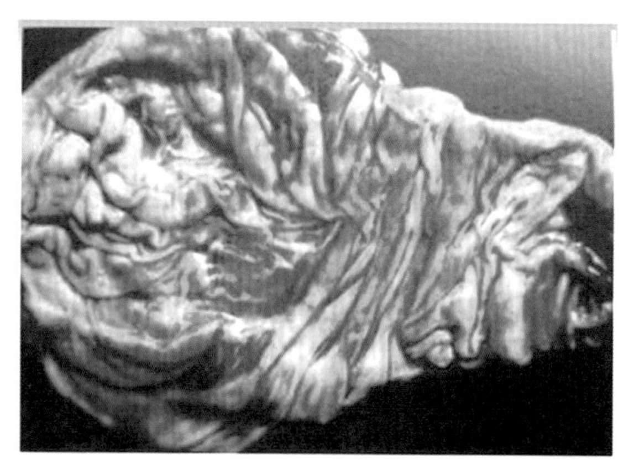

图13-2　羊快疫病菌导致瘤胃出血

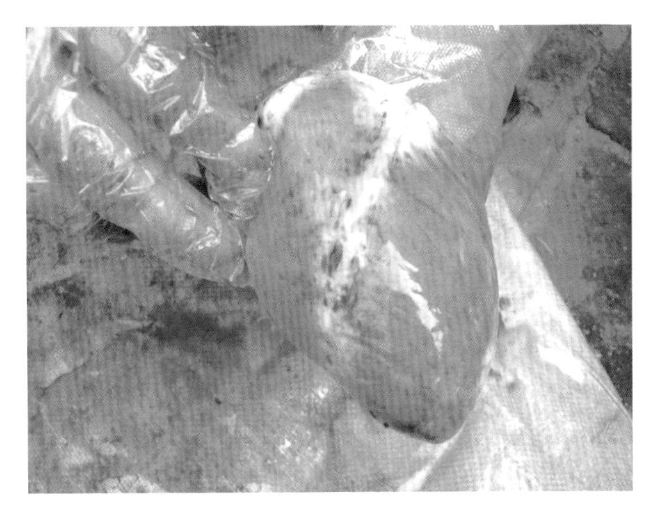

图13-3　羊快疫导致患羊心脏肿大

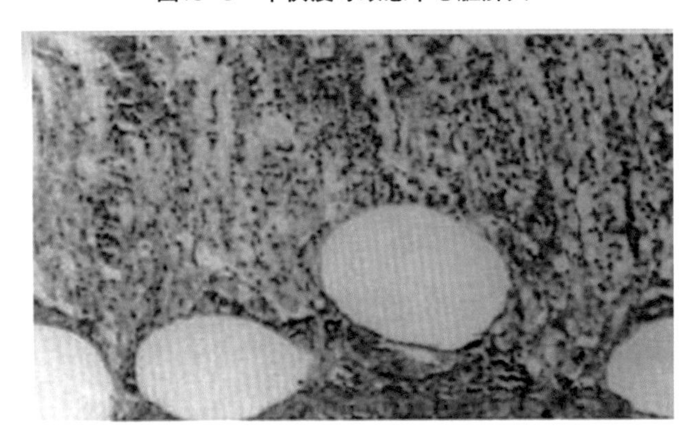

图13-4　羊快疫病理图

2. 羊猝疽

本病病程短促，尚未见到临床症状羊即突然死亡。有时发现病羊掉群、卧地，表现不安、衰弱、痉挛，眼球突出，在数小时内死亡。死亡是由于毒素侵害神经元发生休克所致。该病常与羊快疫（腐败梭菌引起）混合感染，表现为突然发病、病程短，几乎看不到临床症状即死亡。

羊猝疽病理变化主要见于消化道和循环系统。十二指肠和空肠黏膜严重充血、糜烂，有的区段可见大小不等的溃疡。胸腔、腹腔和心包大量积液，后者暴露于空气中可形成纤维素絮块。浆膜上有小点状出血。病羊刚死时骨骼肌表现正常，但在死后8小时内，细菌在骨骼肌里增殖，使肌间隔积聚血样液体，肌肉出血，有气性裂孔。该病与羊快疫混合感染时，胃肠道呈出血性、溃疡性炎症变化，肠内容物混有气泡，肝肿大、质脆、色多变淡，常伴有腹膜炎。

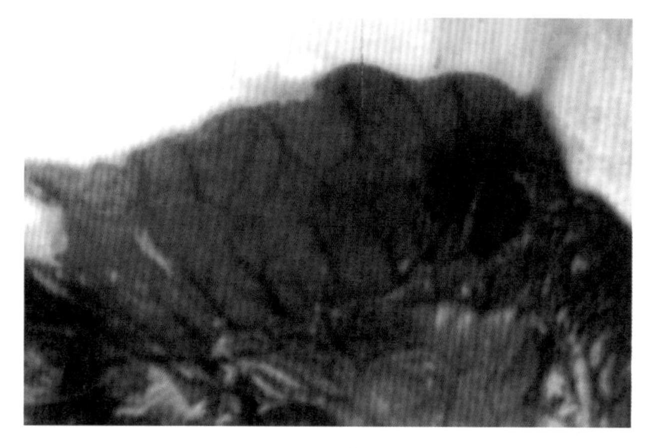

图13-5　黏膜充血

3. 羊肠毒血症

本病潜伏期很短，多突然发病，很少见到临床症状，往往在出现临床症状后羊便很快死亡。症状可分为两种类型：一类以搐搦为特征，另一类以昏迷和静静死去为特征。前者羊在倒毙前，四肢出现强烈的划动，肌肉震颤，眼球转动，磨牙，口水过多，随后头颈显著抽缩，往往于2~4小时内死亡。后者病程不太急，其早期临床症状为步态不稳，以后卧倒，并有感觉过敏、流涎、上下颌“咯咯”作响表现；继而昏迷，角膜反射消失，有的病羊发生腹泻，通常在3~4小时内静静地死去。搐搦型和昏迷型在临床症状上的差别是吸收毒素多少不一的结果。

羊肠毒血症病理变化常限于消化道、呼吸道和心血管系统。真胃含有未消化的饲料；回肠的某些区段呈急性出血性炎症变化，重症病例整个肠段变为红色；心包常扩大，内含灰黄色液体和纤维素絮块，左心室的心内外膜下有多数小点状出血；肺脏出血和水肿；胸腺常发生出血；肾脏比平时更易于软化，似脑髓状，这是一种死后变化，但不能在死后立刻见到。组织学检查可见肾皮质坏死，脑和脑膜血管周围水肿，脑膜出血，脑组织液化性坏死。

图13-6　肾皮质坏死

4. 羊黑疫

本病与羊快疫、羊肠毒血症极相似，病程极短，多数未见症状羊即突然死亡，少数病程可延长1~2天。病羊精神沉郁，食欲废绝，反刍停止，离群或呆立不动，呼吸急促，体温可升至41~42℃；之后，症状加重，病羊磨牙，呼吸困难，呈俯卧姿势昏迷死亡。死羊尸体迅速腐败，皮下静脉充血、发黑，使羊皮呈现暗黑色，故名“黑疫”。

剖检见胸腔、腹腔、心包有积液。肝脏肿大、坏死，在其表面和深层有数目不等的灰黄色坏死灶。病灶界限清晰，圆形，直径多为2~3cm，常被一充血带所包绕，其中偶见肝片吸虫的幼虫，或发现黄绿色弯曲似虫的带状病痕，具诊断意义。真胃幽门部和小肠黏膜充血、出血。

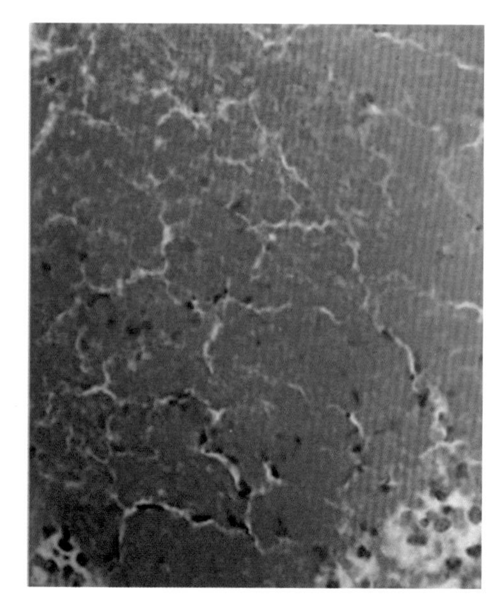

图13-7　病理图

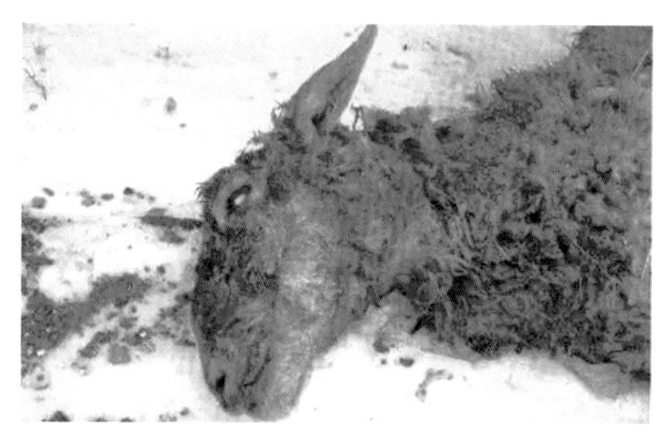

图13-8　黑疫

5. 羔羊痢疾

本病的自然感染潜伏期为1~2天。病初羊精神委顿，低头拱背，不想吃奶。不久就发生腹泻，粪便恶臭，呈糊状或稀薄如水。后期粪便有的还含有血液。病羔逐渐虚弱，卧地不起，不及时治疗，常在1~2天内死亡，只有少数病情较轻的可能自愈。有的病羔腹胀而不下痢，或只排少量稀粪，也可能带血；主要表现为神经症状，如四肢瘫软，卧地不起；呼吸急促，口流白沫，最后昏迷，头向后仰，体温降至常温以下。病情严重、病程很短，常在数小时到十几小时内死亡。

图13-9　病羊卧地不起

尸体脱水现象严重，最显著的病理变化是在消化道。真胃内存在未消化的凝乳块。小肠（特别是回肠）黏膜充血，可见多数直径1~2mm的溃疡，溃疡周围有血带环绕；有的肠内容物呈血色，肠系膜淋巴结肿胀、充血、出血。心包积液，心内膜有时有出血点。肺常有充血或瘀血区域。

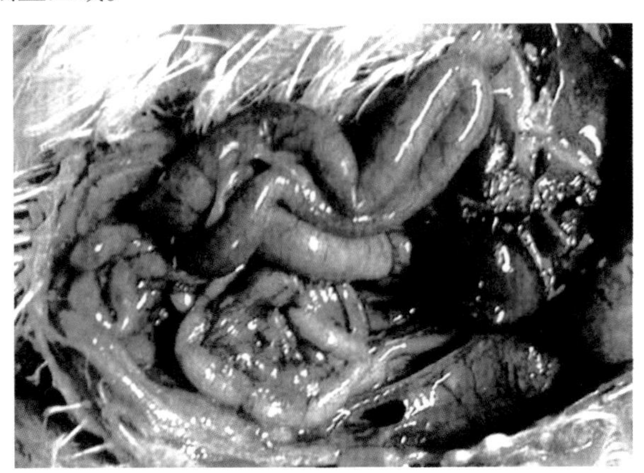

图13-10　消化道病理变化

五、诊断

根据临床症状和病理变化可初步诊断，确诊需依靠实验室细菌学检测。

1. 初步诊断

（1）羊快疫：秋季有霜冻时发病，1岁左右的健壮羊突然死亡；病羊尸体迅速膨胀；胃底出血，并见溃疡和坏死灶；肠内容物充满气泡。

（2）羊猝疽：根据成年绵羊突然发病死亡，剖检见糜烂和溃疡性肠炎、腹膜炎、体腔积液可初步诊断。

（3）羊肠毒血症：初步诊断可依据本病发生的情况和病理变化来做出，确诊需依靠实验室检验。

（4）羊黑疫：羊群放牧于低洼潮湿的沼泽牧场；发病急，羊只突然死亡或在昏迷状态下死亡；死羊尸体迅速鼓胀，皮肤发黑，可初步诊断为羊黑疫。多为2～4岁羊只发病。

（5）羔羊痢疾：在常发地区，依据流行病学、临床症状和病理变化一般可以做出初步诊断。确诊需进行实验室检查，以鉴定病原菌及其毒素。

2. 实验室诊断

实验室诊断包括涂片染色镜检、细菌分离培养、动物接种试验、毒素检测、血液常规检查等。

其中羊肠毒血症实验室确诊应根据以下几点：肠道内发现大量D型产气荚膜梭菌，小肠内检出毒素，肾脏和其他实质脏器内发现D型产气荚膜梭菌，尿内发现葡萄糖。产气荚膜梭菌毒素的检查和鉴定可用小鼠或豚鼠做中和试验。

六、防控

由于羊梭菌病发病急、病死率高，常来不及治疗，因此重在预防和管理。

1. 预防

（1）春秋两季定期注射羊梭菌三联四防灭活疫苗，每次1ml，皮下或肌内注射；或羊梭菌病多联灭活疫苗，每次1ml，皮下或肌内注射。

（2）羊群可补充微量元素（如微量元素盐砖，任其自由舔食）和定期驱虫，增强抵抗力。

（3）圈舍定期消毒，交替使用敏感消毒剂。

图13-11　圈舍消毒

（4）发病后及时隔离病羊，妥善处理病死羊的尸体（焚烧或深埋并加垫生石灰）。

（5）高发季节搞好管理，也可全群预防性添加抗菌药，如阿莫西林、氨苄西林、多西环素、长效土霉素等。

2. 治疗

病羊的治疗越早越好，主要采用抗菌治疗结合对症处理，也可用抗血清或抗毒素配合治疗。

（1）抗菌治疗：用于羊梭菌病的有效药物主要包括青霉素类、四环素类、林可胺类、硝咪唑类和磺胺类。羊快疫治疗早期可灌服

10%石灰乳，每只50~100ml。

（2）在抗菌治疗的同时，应酌情采取轻泻（硫酸镁）、止血（维生素K）、强心（安钠咖）、输液（5%葡萄糖、0.9%氯化钠或复方盐水）、调整酸碱平衡（5%碳酸氢钠）、收敛、助消化和保护胃肠黏膜（胃蛋白酶、乳酶生、次硝酸铋、鞣酸蛋白等）等对症治疗措施。

第十四章　狂犬病

一、概述

狂犬病又名恐水症、疯狗病，是由狂犬病病毒引起的以侵犯中枢神经系统为主的人和动物共患的急性、致死性传染病。该病的临床特征是患病动物出现极度的神经兴奋、狂暴和意识障碍，最后全身麻痹而死亡。特点是潜伏期长，病死率几乎100%，成为严重的公共卫生问题。我国农业农村部将其列为二类动物疫病，国家卫健委将其列为乙类人间传染病；OIE将其列为法定报告动物疫病。

二、病原

狂犬病病毒属于弹状病毒科的狂犬病病毒属。病毒粒子外形呈子弹状，一端呈圆锥形，另一端扁平。本病毒增殖周期主要在宿主细胞质内，具有神经嗜性，对外界抵抗力不强，1%甲醛、3%来苏尔作用15分钟即可灭活本病毒，对高温敏感，70℃经15分钟或100℃经2分钟可被灭活。

狂犬病病毒及狂犬病相关病毒，根据血清学分析和病毒核蛋白序列的差异，可分为5个血清型或7个基因型。

三、流行病学

犬的狂犬病呈地方流行性，牛、马、羊和其他家养动物以散发为主，该病无明显季节性。

1. 传染源

狂犬病属于自然疫源性疾病，传染源众多是狂犬病广泛传播的重要原因之一。狂犬病几乎可以感染所有的温血哺乳动物。我国狂犬病的主要传染源是携带狂犬病病毒的犬，其次是阴性感染的猫。

2. 传播途径

狂犬病病毒通过伤口或与黏膜表面直接接触而感染，但不能穿过没有损伤的皮肤。咬伤是本病毒传播最主要的途径，也可被患病动物抓伤或舔触伤口、创面等感染。特殊情况下，可通过尘埃或气溶胶经呼吸道感染。

四、临床症状

潜伏期变化大，为6～150天，平均26天，因个体差异以及咬伤部位、感染的病毒量、毒株和接种疫苗情况不同而异。

1. 临床上有两种类型

（1）兴奋型（狂暴型）：80%的发病动物表现为兴奋型。其发展过程有几个重叠的阶段：前驱期、兴奋期、麻痹期。第一阶段2～3天，动物表现不同的行为，兴奋期可长达1周，有时候动物会从前驱期直接过渡到麻痹期。第二阶段，动物突然表现得具有攻击性和怪异行为。几天内疾病过渡到麻痹期，动物首先受伤的肢体表现麻痹，然后是颈部和头部出现麻痹，最后呼吸衰竭死亡。

（2）麻痹型：从发病初期就处于麻痹状态，并持续3～6天后死亡，几乎不伤害人和其他动物。

2. 犬与猫的临床症状

兴奋型表现为大量流涎，狂躁不安，厌食，攻击人畜或自咬，最后因全身衰竭和呼吸麻痹而死。麻痹型呈短期兴奋，随后共济失调、麻痹、下颌下垂，最后因全身衰竭和呼吸麻痹而死亡。

图14-1　狂犬病兴奋型病犬大量流涎

图14-2　狂犬病前驱期症状病犬攻击性强

3. 人的临床症状

兴奋型临床表现为在愈合的伤口及其神经支配区有痒、痛、麻及蚁走样等异常感觉，以后出现高度兴奋、恐水、怕风、阵发性咽肌痉挛及流涎、吐沫、多汗、心率加快、血压增高等交感神经兴奋症状。逐渐发生全身弛缓性瘫痪，最终因呼吸、循环衰竭而死亡。

麻痹型临床表现为前驱期多为高热、头痛、呕吐及咬伤处疼痛等，无兴奋期和恐水症状，亦无咽喉痉挛，无吞咽困难等表现。前驱期后即出现四肢无力、麻痹症状，麻痹多始自肢体被咬处，然后呈放射状向四周蔓延。部分或全部肌肉瘫痪，咽喉肌、声带麻痹而失音，故称“哑狂犬病”。

五、病理变化

常无特征性眼观病理变化。一般表现为尸体消瘦，血液浓稠，凝固不良。口腔黏膜充血或糜烂，鼻、咽喉、气管及扁桃体炎性出血、水肿；胃空虚或有少量异物，黏膜充血；脑水肿，脑膜和脑实质的小血管充血，并常见点状出血。其他实质脏器没有明显的病理变化。

组织病理学变化主要为急性弥漫性脑脊髓炎。软脑膜的小血管扩张充血，轻度水肿；脑灰质和白质的小血管充血，并伴有小点状出血，脑组织非化脓性脑炎，海马角的神经细胞、小脑的浦金野氏细胞和迷走神经干均可见到呈樱红色的嗜酸性着染的内基氏小体。

六、诊断

根据临床症状、流行病学调查和病理变化可做出初步诊断，确诊需进一步做实验室诊断。WHO推荐的实验室诊断方法有直接荧光抗体技术、小鼠接种、组织培养RT-PCR和实时荧光定量RT-PCR等方法。直接荧光抗体技术能在疾病的初期做出诊断，我国将此方法作为检查狂犬病的首选方法。

七、防控

1. 加强免疫工作

狂犬病可防不可治，免疫是预防狂犬病发生和控制或根除狂犬病流行的最好方法，应加强对城市、农村犬的免疫，确保70%的免疫覆盖率。目前，动物所用狂犬病疫苗有灭活疫苗和弱毒疫苗两种，均为注射剂型。灭活疫苗较安全。

图14-3　开展犬狂犬病疫苗免疫工作

2. 加强联防联控和宣传教育

建立农业、卫生、药品监督、公安等联动协防机制，共同预防控制狂犬病的流行。大力开展宣传教育工作，普及狂犬病防治的基本知识。

3. 加强动物检疫，控制传染源

发现疑似狂犬病动物后，应立即隔离患病动物，限制其流动，并按照《狂犬病防治技术规范》要求划定疫点、疫区和受威胁区。对所有感染、患病动物和被患病动物咬（抓）伤的动物采取不放血方式扑杀，隔离观察感染或患病动物的同群动物，对疫区内所有易感动物进行紧急免疫接种，对扑杀动物的尸体、排泄物无害化处理，对粪便、垫料污染物等进行焚毁，对栏舍、用具、污染场所必须进行彻底消毒。

此外，在流行地区给犬和猫进行强制性接种并登记挂牌。扑杀无主犬、流浪犬及野犬。

八、公共卫生

从事宠物门诊、狂犬病临床诊断、实验室检测和研究、疫情处置等工作的人员需要进行暴露前免疫。在被动物咬伤后应及时正确地处理伤口、注射疫苗和狂犬病免疫球蛋白。按照《病原微生物实验室生物安全管理条例》和《动物病原微生物分类名录》规定，本病危害程度为第二类，实验活动所需生物安全级别分别为病原分离培养BSL-3、动物感染实验ABSL-3、未经培养的感染性材料实验BSL-3、灭活材料实验BSL-2。航空运输动物病原微生物、病料按UN2814（仅培养物）要求，通过其他交通工具运输动物病原微生物和病料的，应按照《高致病性病原微生物菌（毒）种或者样本运输包装规范》进行包装和运输。

参考文献

[1] 甘孟侯, 杨汉春. 中国猪病学 [M]. 北京: 中国农业出版社, 2005.

[2] 陈溥言. 兽医传染病学 [M]. 第6版. 北京: 中国农业出版社, 2015.

[3] 宋铭忻, 张龙现. 兽医寄生虫学 [M]. 北京: 科学出版社, 2009.

[4] 陆承平. 兽医微生物学 [M]. 北京: 中国农业出版社, 2012.

[5]《执业兽医资格考试应试指南》编写组. 2019年执业兽医资格考试应试指南: 兽医全科类 [M]. 北京: 中国农业出版社, 2019.

[6] 黄纯英, 杨岩, 邢智锋. 黑龙江省布病疫情现状及防治 [J]. 中国地方病防治杂志, 2008 (3).

[7] 王传清, 李星.布鲁氏菌病的流行和研究现状及防控策略 [J]. 中国动物检疫, 2009, 26 (6): 63—65.

[8] 陈文金.牛布鲁氏菌病免疫效果的统计再分析 [J]. 中国地方病防治杂志, 1991 (1).

[9] 张海红, 牟振国, 狄新彦.石家庄市行唐县一起布病小暴发流行的调查 [J]. 医学动物防制, 2006 (12).

[10] 曲明悦.181团牛羊布鲁氏菌病的流行病学调查及防控现状分析 [D]. 石河子: 石河子大学, 2014.

[11] 杜毅平.炭疽疫源四十年复发实例及防制体会 [J]. 畜牧与

兽医, 1987(2).

[12] 黄鉴明, 徐振兴, 陈秀兰, 杨可真.急性败血型猪炭疽病例[J]. 中国兽医科技, 1994(2).

[13] 张安民.炭疽病的防治方法[J]. 湖北畜牧兽医, 2002(2).

[14] 张惠敏.一起猪炭疽的诊断与处理[J]. 中国动物检疫, 2006(9).

[15] 许干华.家畜炭疽的流行、诊断与防治措施[J]. 现代畜牧科技, 2016(12): 72—73.

[16] 农业部兽医局, 中国动物疫病预防控制中心, 李金祥.人畜共患传染病[M]. 北京: 中国农业出版社, 2009.10.

[17] 陈溥言. 家畜传染病学[M]. 第5版.北京:中国农业出版社, 2006.

[18] 王浩宇. 绵羊痘病及其预防[J]. 中国畜牧兽医文摘, 2016.

[19] 格日来, 哈什门克, 邓严平, 李劲. 绵羊痘病的诊治[J]. 养殖与饲料, 2018.

[20] 毛永富. 绵羊痘的诊断与防治[J]. 中国动物保健, 2019, 21.